JN122001

ゴリラからの警告
「人間社会、ここがおかしい」

山極寿一

毎日文庫

文庫版へのまえがき

本書の単行本が出版されて4年が過ぎた。当時は京都大学の理学部長や総長をしていて、大学改革の真っただ中だったので、大学周辺の出来事しか目に映らなかった。そこで、私が長年暮らしたアフリカのジャングルとゴリラを思い起こしながら、大学に交錯する人間社会を見つめて書いてみたのである。今思えば、それは私の密やかな憩いの時間だったように思う。文科省や内閣府や日本学術会議の委員会に出席するために東京へ向かう新幹線の車中、あるいは京都大学で分刻みの会議に出る合間の時間、ゴリラになって目をつぶるとジャングルのまばゆい光と影の世界が広がる。そこでしばしゴリラと戯れた後に目を開いてみると、今まであくせくして悩んでいたことがたわいもないように思えてくる。ゴリラは私の背後霊となって人間にはない視点と力を与えてくれたのだ。

出版後に世界は大きく変わることになった。最も大きな出来事は新型コロナウイルスによるパンデミックだろう。それまで私たちはこの地球を人間の支配のもとにつくり変えたと思い込んできた。１９５０年代以降、グレート・アクセラレーションの時代を迎え、世界の人口、水や紙の消費、車や情報機器の数、海外投資や国際的な観光客などが急速に増加している。情報通信革命によって世界中の人々がつながり、世界の片隅の出来事まで即座に知ることができるようになった。また、遺伝子組み換えや遺伝子編集などの技術によって生物を人間の都合のいいようにつくり変えるようになった。まさに、私たちは「神の手」を得たといえるのかもしれない。しかし、新型コロナウイルスのまん延によって、私たちはこの惑星が人間のものではなく、まだ私たちの目に見えない細菌やウイルスに支配されていることを思い知らされたのである。

この出来事は地球環境に対する私たちの考えを一新した。21世紀に入ってからプラネタリー・バウンダリー（地球の限界）が話題になり、その九つの指標のうち生物多様性とリンと窒素の循環がすでに限界値を超えているという警告が発せられてきた。地球温暖化に伴うさまざまな自然災害や異変が起きていることが報告されていたが、それが感染症となって私たちに降りかかってきたことに改めて私たちは気づいたのである。変化は環境問題だけではない。この感染症を防止するために3密を避ける対策が取られ、各国は緊急事態宣言の下にロックダウンを始めとする統制を講じた。それがさまざまな問題を引き起こした。現在ロシアがウクライナに突如侵攻を始めて第三次世界大戦の危機が生じているのも、元は新型コロナによる混乱にあるのではないかと思う。世界は新たな危機に直面しているのだ。

振り返ってみれば、総長最後の年2020年は新型コロナウイルスが日本に蔓《まん》延《えん》し始めた年だった。卒業式も学位授与式も入学式も中止になり、私が精魂込めて書き上げた式辞を学生諸君の前で読むことができなかった。毎年、入学式では私が好きな詩をいくつか朗読することにしていた。トーマス・エリオットの「荒地」は英語で、ポール・エリュアールの「自由」はフランス語で朗読した。ボブ・ディランの「風に吹かれて」は英語でつい歌ってしまい、日本音楽著作権協会（JASRAC）からお叱《しか》りを受けた。谷川俊太郎の「朝」、茨木のり子の「六月」、山尾三省の「水が流れている」、山之口貘の「生活の柄」、宮沢賢治の「生徒諸君に寄せる」、金子兜太《とうた》の句も読んだ。私が伝えたかったのは、論理で世界を理解する前に、感性で世界と対峙してほしいということであった。混沌と混乱の最中にある世の中に気概を持って立ち向かっていくためには、意味や目的で枠づけられた世界の中に隙間《すきま》を見つけ、そこに人間としての本性を自覚してほしいと思ったからである。

最後の年は詩ではなく、ヘンリー・ソロー作の『ウォールデン森の生活』を紹介した。今から150年以上も前、当時28歳だったソローがウォールデン湖のほとりに自分で小屋を建て、2年間独り暮らしをした日々をつづった内容である。彼は庭を作らず、家畜もペットも飼わず、ひたすら自然の中に身を置き、自然に溶け込もうとした。その理由を、「現在のこの咲き匂う花のような瞬間を手の仕事にも頭の仕事にせよささげてしまうのはどうしても惜しくてできないことであった。わたしはわたしの人生にひろい余白をもつことを愛した」からと述べている。彼の生きた時代は汽車が大陸を走り、蒸気船が大洋を渡り、電信によって各都市の人々がつながれた時代だった。人種差別の撤廃へ向けて世界が大きく動き出し、同時に科学技術によって人々のコミュニケーションの方法が劇的に変わる時代の黎明《れいめい》期でもあったのである。それは現代の私たちが置かれている時代の動きに通じるところがある。

現代人にも「森の生活」を通して人生の余白を持つことが必要なのではないか。図らずも私はゴリラとともにアフリカのジャングルで暮らして、人間の目には見えない大きな余白を持つことになった。今、私たちは人類の発展の歴史を謳歌《おうか》するだけでなく、人類がどこで間違ったのかを理解するために、自然と再び会話しなくてはならない時を迎えている。その意味で、本書は格好の入り口になると思う。文庫本としてより多くの方が手に取り、それぞれの余白を見つけていただければ幸いである。

目次

ゴリラからの警告
「人間社会、ここがおかしい」

はじめに

私はゴリラの国へ留学してきた。いつもそう言っている。まさか、と笑う人もいるが、私は本気でそう思っている。

それは、私たち日本の霊長類学者の調査方法による。創始者の今西錦司は、「サルになり代わって、彼らの社会や歴史を記録せよ」と言って、学生を野生のサルたちが暮らす原野へ送りだした。サルの群れのなかへ入りこみ、自らがサルになって彼らと同じような暮らしを味わい、サルたちのコミュニケーションの輪に参加して、彼らの社会の仕組みを理解することを目指したのである。

先輩たちにならって、私は長野県地獄谷にすむニホンザルを皮切りに、日本全国のサルの生息地を渡り歩き、屋久島に居を構えて野生のサルの群れをひたすら追跡した。

どうやらニホンザルの作法を会得したと感じるようになったころ、アフリカの熱帯雨林でゴリラの調査をすることになった。標高の高いアフリカの山地は雲霧林におおわれていて、屋久島の森によく似ていた。しかし、ゴリラはニホンザルとは全く異なる霊長類だった。ゴリラのなかに私はサルではなく、ヒトを見た。チンパンジーと同じく、私たち人間と近い過去を共有する共通祖先の姿、そして少し道を違えればゴリラのようになっていたかもしれないヒトの過去が見えるような気がしたのだ。しかも、ゴリラは人間より大きく、誇りに満ちていて、威風堂々たる構えがなんとも魅力的だった。出会ったとたん、私はゴリラに魅了され、心底彼らの仲間になってみたいと思った。

当初はゴリラも人間をおそれ、敵意をもっていたので、私が近づくと風のように逃げ去ったり、攻撃してきたりした。私はコンゴの深い森に分け入って、ひたすら彼らの後を追いかけた。しばらくするとゴリラたちは私を敵視しなくなり、私は群れのなかに入って彼らの行動をつぶさに記録できるようになった。しかし、ゴリラは私の行動に常に目を配り、私が彼らの気に障ると必ずお叱りの声をかけた。その度に、私は自分の行為を修正しなければならなかった。

たとえば、近づくときには必ずグッグフームというあいさつ音を出す、「だれだい」とゴリラ特有の音声で問いかけられたら必ずこたえる、顔をのぞきこまれたら視線をそらさずに正面から見つめ返す、などの作法である。それは、土足で畳に上がろうとする外国人を私たち日本人が叱るのと基本的に同じ態度である。私はゴリラに叱られながら、彼らの国のマナーを学んだのである。

そうして一頭のゴリラになって、人間世界にもどってきてみると、人間の動作がなんだかぎこちないものに思えてきた。二足で歩くのは不安定だし、首が長く、いつもあちこち見まわしているのは落ち着きがない。なぜ、ゴリラのように泰然自若としていられないのか。人間どうしの関わり方もおかしい。ゴリラは離乳するとさっさと自立するのに、なぜ人間の親はいつまでも子離れしないのか。人間はおせっかいで、困っている人を見ると助けようとする。それなのに、なぜ寄ってたかって弱い者いじめをするのか。ゴリラはいつも同じ集団でまとまっているのに、人間はなぜ毎日複数の集団や組織を渡り歩けるのか。それまであたり前だと思っていた人間の暮らしが、とても不思議なものに見えてきたのである。

私たち人間の体や心が、昔から今のようなものであったはずはない。ゴリラやチンパンジーとの共通祖先から分かれてから、700万年の進化のときを経て今の形に変わったのである。だから、ゴリラの目から見て不思議に見える人間の特徴は、過去になんらかの理由と背景で変化した歴史をもっている。

たとえば、ゴリラは食べるとき分散するのに、人間は集まっていっしょに食べようとする。ゴリラは顔と顔を近距離で向かい合わせてあいさつをするが、人間は少し距離を置いてじっと向かい合う。ゴリラの赤ちゃんは2キロ以下で生まれ、3～4年も母乳を吸うのに、人間の赤ちゃんは重く、しかも2年以内に離乳してしまう。

この違いはどうしてできたのか。進化の歴史をながめてみると、こういった特徴が人間に備わったのにはそれぞれ重要な理由があることがわかってくる。

人間の祖先は、ゴリラやチンパンジーがずっと暮らし続けてきたアフリカの熱帯雨林を離れ、進化史の大半を採集や狩猟によって過ごしてきた。強力な身体ではなく、強靭な社会力を身につけたからこそ、人間は地球上のあらゆる場所に進出できるようになったのだ。そこに人間独自の特徴の秘密が隠されている。

でも、1万2千年前の農耕牧畜の出現以来、人間は急速に人口が増加し、産業革命や情報革命を経て高度な科学技術を発達させ、自然とは全く異なる人工的な環境で暮らすようになった。情報通信技術の発展によって、人間のコミュニケーションや組織のあり方も変わった。五感を用いて身体でつながるよりも、通信機器を用いて頭でつながることを重要視しはじめている。自己実現や自己責任といった言葉がはやるように、集団の力よりも個人の力を強めることが奨励されるようになった。その急激な変化に人間の体や心がついていけず、人工的な環境との間にさまざまなミスマッチが生じている。生活習慣病、アレルギー、自閉症、家庭内暴力、いじめ、ヘイトスピーチなどがいい例である。

そういったトラブルは、人間が備えている特徴の由来や本質を誤解することから生じている。そこで私は、ゴリラの目で見た人間社会の不思議をまず見つけだし、それが今どのような働きをしているかを検討してみることにした。ちょうどそのころ、毎日新聞社から「時代の風」というコラムの執筆を依頼されたので、私はゴリラと人間の間を行きつもどりつしながら、その思いを書きとめてみた。ただ、コラムは字数が限られていたので、私の思いをじゅうぶんに伝えられなかったところがある。それに新しく浮かんだ考えを加えて本書は完成した。

人間社会は今、歴史の転換点を迎えつつあり、大きな危機にある。それが、本書のタイトルを『ゴリラからの警告』とした理由である。本書を下敷きにしてゴラの目になり、もう一度人間社会の現実と未来を見つめなおしてほしいと思う。

第1章　なぜ人は満たされないのか

人間にとって衣食住は、日々の生活を支える基本的な営みである。このうち、他の動物たちと最も共通するのは食だろう。食べることを抜きにして人間が生命を維持することはできない。しかも、人間はサルたちのような胃腸をもち、毎日食べる必要がある。肉食獣やクジラのように何日も何カ月も食べずにいることはできないし、熊のように冬眠することもできない。それは、サルと同じように植物を食べて暮らす身体を進化させてきたからである。

しかし、人間は進化の途上で生物としての特徴に文化による工夫を数多く加えた。その最もいい例が衣服だろう。毛皮をもつ動物は、暑さや寒さをしのぐことができる。しかし、毛皮をもつがゆえにシラミやノミなどの寄生虫に悩まされるし、体温の上昇や低下をすぐに抑えることができない。人間がどんな理由で衣服を用いるようになったかはまだはっきりわかっていないが、人間がサルの生息できない地域へと進出できたのは衣服のおかげであることは間違いない。

住居も人間が発明した文化の一つである。住居によって、気候の影響を直に受けることがなくなり、動物や虫などの害から身を守ることができるようになった。つまり人間は、ビーバーのダムやクモの巣のように自然の影響を自らの手で変えて、自分たちに合った環境をつくりだすようになったのである。

だが一方で、衣食住を文化の色に染めていくことは、人間関係をも変えていく道をつくった。分配と共食は人間にとってあたり前の光景だが、それは人と人をつなぎ合わせ、新たな関係をつくっていく手段でもある。住居はそのなかに収容できる人の数を定め、部屋の位置によって人間関係を左右する。村における家の配置や造りは、人々の交流や家どうしの関係を規定する。食と違い、家はひとりでは決められず、一度建てれば長い間変えることができないので、その影響は大きい。

ここでは、動物には見られない衣服をのぞき、人間の進化のなかで大きく変わったと考えられる食と住を取りあげてみようと思う。動物の世界で常識だった食と住のあり方が、人間になってどのように変わったのか。そして、それは今、私たちの生き方にどのような影響をあたえているのかを考えてみたい。

ぼっち飯と建売住宅が人をサルにする

だれと食べるかという問題

人間以外の動物にとって、生きることは食べることである。しかし、それを実現するには、いつ、どこで、何を、だれと、どうやって食べるか、という五つの課題を乗り越えねばならない。現代の科学技術と流通革命は、その多くを個人の自由になるように解決してきた。24時間営業のコンビニエンスストアや自動販売機。車や飛行機などの輸送手段や、インターネットを利用した通信手段。電子レンジやファストフードなどの調理や保存の技術。これらは私たちが、いつでも、どこでも、どんなものでも、好きなように食べることを可能にした。しかし、技術によっては変えられない課題もある。それは、だれと食べるかということだ。

ふだん単独生活をしているクマやカモシカのような動物には、この課題は必要ない。なわばりをつくって他者の侵入を防いだり、他者と出会わないようにして餌資源を確保したりすればいいからだ。しかし、群れをつくる動物は常にこの問題に直面する。とりわけ複雑な社会生活を営む人間にとって、いっしょに食べる相手は重要である。もちろん、移動手段の革新によって、遠くに住む知人や親族に会うことができるようになった。だが、だれと食卓を囲むかは、昔も今も個人の自由裁量によっては決められない。

古来、人間の食事には、栄養の補給以外にも他者との関係の維持や調整という機能が付与されてきた。いやむしろ、他者といい関係をつくるために食事の場や調度、食器、メニュー、調理法、服装からマナーにいたるまで、多様な技術が考案されてきたといっても過言ではない。どの文化でも社交の場として食事を機能させるために、莫大な時間と金を消費してきたのである。それは効率化とはむしろ逆行する特徴をもっている。

サルの食事は人間とは正反対である。群れで暮らすサルたちは、食べるときは分散して、なるべく仲間と顔を合わせないようにする。数や場所が限られている自然の食物を食べようとすると、どうしても仲間とはち合わせしてけんかになる。だから、仲間がすでに占有している場所は避けて、別の場所で食物を探そうとするのだ。でも、あまり広く分散すると、肉食動物や猛禽類にねらわれて命を落とすおそれが生じる。仲間といれば外敵の発見効率が上がるし、自分がねらわれる確率が下がる。そこで、仲間と適当な距離を置いて食事をすることになる。

しかし、食物が限られていれば、仲間と出くわしてしまうことはある。そのときは、弱いほうのサルが食物から手を引っこめ、強いサルに場所を譲る。サルたちは互いにどちらが強いか弱いかをよくわきまえていて、その序列にしたがって行動する。それに反するような行動をとると、周りのサルが寄ってたかってそれをとがめる。優劣の序列を守るように、勝者に味方するのである。

強いサルは食物を独占し、他のサルにそれを分けることはない。サルの社会では、食物を囲んで仲よく食事をする光景は決して見られない。でも、サルの基本的な食物は植物なので、強いサルに独占されたからといって食物に困るわけではない。ちょっと移動すれば、食べられるフルーツや葉っぱが見つかる。要するに、サル社会のルールは、食べるときはけんかしないように分散して個食をしましょう、そのためには弱いサルが広く分散しましょう、ということなのである。

けんかの種となるような食物を分け合い、仲よく向かい合って食べるなんて、サルから見たらとんでもない行為である。なぜこんなことに人間はわざわざ時間をかけるのだろうか。

それは、相手とじっくり向かい合い、気持ちを通じ合わせながら信頼関係を築くためであると私は思う。相手と競合しそうな食物をあえて間に置き、けんかをせずに平和な関係であることを前提にして、食べる行為を同調させることが大切なのだ。同じ物をいっしょに食べることによって、ともに生きようとする実感がわいてくる。それが信頼する気持ち、ともに歩もうとする気持ちを生みだすのだと思う。

ところが、前述した近年の技術はこの人間的な食事の時間を短縮させ、個食を増加させて社会関係の構築を妨げているように見える。自分の好きなものを好きな時間と場所で好きなように食べるには、むしろ相手がいないほうがいい。そう考える人が増えているのではないだろうか。

でも、それは私たちがこれまで食事によって育ててきた共感能力や連帯能力を低下させる。個人の利益だけを追求する気持ちが強まり、仲間と同調し、仲間のために何かしてあげたいという心が弱くなる。勝ち負けが気になり、勝ち馬に乗ろうとする傾向が強まって、自分に都合のいい仲間を求めるようになる。つまり、現代の私たちはサルの社会に似た閉鎖的な個人主義社会をつくろうとしているように見えるのだ。

和食はひとりで食べるべからず

２０１３年に、和食がユネスコの無形文化遺産に登録された。登録にいたったのは、自然を尊重する日本人の基本精神にのっとり、地域の自然特性に見合った食の慣習や行事を通じて家族や地域コミュニティーの結びつきを強める重要な文化だからというのが主な理由だ。大変いいことだと思う。これを機に、和食と日本人の暮らしについて過去の歴史をふり返り、食の文化を育んできた日本列島の自然と人間との関わりについて多くの人々が思いをめぐらすようになってほしい。

私の専門分野である霊長類学は、人間に近い動物の生き方から人間の進化や文化を考える学問である。人間以外のサルや類人猿（ゴリラやチンパンジー）を野生の生息地で追っていると、「生きることは食べることだ」と思い知らされる。彼らの主な食べ物は自然のあちこちに散らばり、季節によってその姿を変える植物だ。いつ、どこで、何を、どのように食べるかが、一日の大きな関心事である。群れをつくって暮らすサルたちにとっては、それに加えて「だれと食べるか」が重要となる。いっしょに食べる相手によって、自分がどのように、どのくらい食物に手を出せるかが変わるし、相手を選ばないと、食べたいものも食べられなくなってしまうからだ。

日本列島には43万〜63万年前からニホンザルがすみついてきた。人間が大陸から渡ってきたのはたかだか2万数千年前だから、彼らのほうがずっと先輩である。日本の山へ出かけてサルを観察すると、彼らがいかにうまく四季の食材を食べ分けているかがわかる。新緑の春には若葉、灼熱の夏は果実と昆虫、実りの秋は熟した色とりどりの果実、そして冷たい冬は落ちたドングリや樹皮をかじって過ごす。

サルに近い身体をもった人間も、これらの四季の変化に同じように反応する。もえいずる春には山菜が欲しくなるし、秋には真っ赤に熟れた柿やリンゴに目がほころぶ。サルと同じように人間も長い時間をかけて植物と共進化をとげてきた証しである。人間の五感は食を通じて自然の変化を的確に感知するようにつくられてきたのだ。

人間にはサルと違うところが二つある。まず、人間は食材を調理して食べるという点だ。植物は虫や動物に食べられないように、硬い繊維や二次代謝物で防御している。それを水にさらしたり、火を加えたりして食べやすくする方法を人間は発達させた。さらに人間は川や海にすむ貝や魚を食材に加え、野生の動植物を飼養したり栽培したりすることによって得やすく、食べやすく、美味にする技術を手にした。人間は文化的雑食者であるともいわれる。日本人もその独特な文化によって、ニホンザルに比べると圧倒的に多様な食材を手に入れることができたのである。

もう一つの違いは、人間が食事を人と人とをつなぐコミュニケーションとして利用してきたことだ。サルにとって食べることは、仲間とのあつれきを引き起こす原因になる。自然の食物の量は限られているから、複数の仲間で同じ食物に手を出せばけんかになる。それを防ぐために、ニホンザルでは弱いサルが強いサルに遠慮して手を出さないルールが徹底している。強いサルは食物を独占し、決して仲間に分けたりはしない。そのため、弱いサルは場所を移動して別の食物を探すことになる。

ところが、人間はできるだけ食物を仲間といっしょに食べようとする。ひとりでも食べられるのに、わざわざ食物を仲間の元へもち寄って共食するのだ。

共食の萌芽《ほうが》はすでにゴリラやチンパンジーに見られる。チンパンジーは時折狩猟をする。力の強いオスがサルやムササビなどを捕まえてその肉を食べるのだ。そんなとき、獲物を捕らえたオスの周りには他のオスやメスたちが群がってくる。めったに得られない肉の分配にあずかろうとしてやってくるのだ。肉をもったオスは力が強いので、その肉を独占して食べようとすればできないことはない。しかし、他のチンパンジーの要求は執拗《しつよう》で、なかなか拒むことができず、ついには引きちぎってとるのを許してしまう。チンパンジーの世界では、どんなに体の大きなオスでも力だけでは社会的地位を保てず、仲間の支持が必要である。肉の分配はその支持を得るために使われているようなのだ。だから、サルとは違って、チンパンジーはもっぱら弱い個体が強い個体に食物の分配を要求し、いっしょに食べるのである。

最近私たちは、チンパンジーと同じようにゴリラも、オスが大きなフルーツをメスや子どもたちに分配しているのを観察した。オランウータンにも食物の分配行動があることが知られているから、ヒト科の類人猿はすべて、おとなの間で食物が分配されるという、霊長類にはまれな特徴をもっていることがわかる。人間はその特徴を受け継ぎ、さらに食物を用いて互いの関係を調整する社会技術を発達させたのだ。

食事は、人間どうしが無理なく対面できる貴重な機会である。人間の顔、とりわけ目は、対面コミュニケーションに都合よくつくられている。人間の目には、サルや類人猿の目と違って白目がある。この白目のおかげで、1～2メートル離れて対面すると、相手の目の動きから心の状態を読みとることができるのだ。

顔の表情や目の動きをモニターしながら相手の心の動きを知る能力は、人間が生まれつきもっているもので習得する必要がない。しかも、目の色は違っていても、すべての人間に白目がある。ということは、白目は人間にとって古い特徴でありながら、チンパンジーとの共通祖先と分かれてから獲得した特徴だということだ。対面して相手の目の動きを追いながら同調し、共感する間柄をつくることができるのが、人間に特有な能力なのだ。それが人間に独特な強い信頼関係を育み、高度で複雑な社会の資本となってきたと考えることができる。

実は、日本人の暮らしも、食物を仲間といっしょにどう食べるかという工夫のもとにつくられている。日本家屋は開放的で、食事をする部屋は庭に向かって開いている。四季折々の自然の変化を仲間と感じ合いながら食べられるように設計されているのだ。鳥や虫の声が響き、多彩な食卓の料理が人々を饒舌《じょうぜつ》にする。その様子をだれもが見たり聞いたりでき、外から気軽に参加できる仕組みが、日本家屋の造りや和食の作法に組みこまれている。

だが、昨今の日本の暮らしはプライバシーと効率を重んじるあまり、食事のもつコミュニケーションの役割を忘れているように思う。和食の遺産登録を機に、自然と人、人と人とを豊かにつなぐ日本の和の伝統を思い返してほしい。

今、人間関係は住居に規定される

人間の住居はいったい、どのような背景と動機でつくられてきたのだろうか。最近、めまぐるしく住居が建てかえられるようになり、町並みが急速に変わりつつあるなかで、住まいの本質とは何かを強く感じるようになった。

人類の進化700万年のなかで、定住をはじめたのはつい最近のことである。1万2千年前に農耕や牧畜が起こる前は、移動しながら暮らす狩猟採集生活だったのだから、きちんとした家に住むのはそれ以降のことだろう。私はアフリカの熱帯雨林で狩猟採集生活を営むピグミーの人たちといっしょにゴリラの調査をしたことがある。頻繁に森のなかを移動する彼らは、狩猟具や食器などわずかな家財道具しかもち合わせておらず、住居もほんの数時間でつくってしまう。細い枝を切ってきて折りまげ、円すい状の小屋をつくり、それにクズウコンの葉をかぶせるだけである。せいぜい数人が入る程度の大きさだが、じゅうぶんに雨がしのげて安眠できるのだ。

実は、人間以外のサルや類人猿には奇妙な住居の歴史がある。最も原始的なサルたちは夜行性で、木の洞に安全な寝場所をつくり、ここで子どもたちを育てる。原猿類はオスもメスも単独で暮らしており、それぞれなわばりをもって対立している。交尾期になるとオスとメスが短期間いっしょになるが、交尾後は再び別れ、出産後もメスは単独で子どもを育てる。子どもを置いて食物を探しにいくため、寝場所はくり返しもどれるようになわばりの中心部につくられている。

ところが、夜から昼の世界に進出しはじめると、サルたちは鳥に対抗するために体を大きくし、群れをつくって食物を探すようになった。原猿類が食べているような昆虫や樹液だけでは大きな体を維持できなくなり、果実や葉を主食とするようになって、群れで広い範囲を遊動しはじめた。そのため、常に安全な場所にもどることができず、巣を捨てて広い範囲を移動しながら、毎晩違った木の上で眠るようになった。サルたちには木の上で安定した姿勢で眠れるように尻だこが発達し、赤ちゃんにも生まれたときから母親にしがみつく能力が備わった。

しかし、人間に近縁なゴリラやチンパンジーなどの類人猿になると、さらに体が大きくなって、体を支えるベッドを木の上につくる必要が生じた。今でもすべての類人猿が毎晩樹上に一人用のベッドをつくって眠る。樹上のベッドは、地上性の大型肉食獣から身を守り、安眠を保証してくれた。毎晩つくり変えるため、簡単な造りで数分のうちに完成させてしまうが、とても頑丈でめったに落ちることはない。類人猿は生まれつきベッドづくりの能力をもっていて、動物園生まれの個体でも、材料をあたえるとベッドをつくろうとすることがある。

でも、人間はいつのころか、このベッドをつくる習性を失ってしまった。古い人類の遺跡からベッドは見つかっていない。熱帯雨林を出て草原へ進出した人類の祖先は、地上性の危険な肉食獣を避けるため、洞穴や岩壁などベッドの材料が得られない場所で寝たのであろう。しかも、単独のベッドで寝るより、安全を期して家族や仲間と寄り合って寝る道を選んだ。それがやがて、家族や共同体が単位となる住居へとつながったのだと思う。

今、私たちが使っているベッドは類人猿のベッドとは違う。類人猿のベッドはあくまで一人用で、毎晩つくり変えられる。それぞれの個体が仲間の存在を確認しながら安眠できるようにすることが目的とされている。これに対して、人間のベッドは家のなかにつくられ、親子や夫婦がいっしょのベッドで眠ることがある。しかも、耐久性があって、何度も同じベッドで眠る。日本人は長らくベッドをつくらず、畳の上に布団を敷いて寝ていた。類人猿のベッドにあたる人間の構造物は家であり、住居のほうがベッドより古いのだ。そこへ、最近になって二次的ベッドがつくられるようになったと考えることができる。

つまり、人間の住居は家族や共同体の信頼関係を反映する場所なのである。だから、人間の住居には雨をしのぐ屋根だけでなく、外からの視線を防ぐ壁がある。それは、住居の中と外の世界をはっきり区別する境界の役割を果たす。そして、住居と住居の配置は家族間や集団間の社会関係、すなわち共同体の構造を反映していたはずである。

たとえば、私がアフリカ奥地の熱帯雨林で訪問した村々は、道沿いに家が建っていて、一番奥に村長の家、真ん中付近にバラザと呼ばれる集会所があった。訪問客はまずこのバラザに立ち寄って、自分の素性や旅の目的を村人に説明し、村長にあいさつすることになっている。外からの来訪者にどう対処するかも家の配置に組みこまれているのだ。日本の村を形づくる家々も、構造こそ異なるものの、共同体としてみな同じような対処の仕方を備えていたのだろう。

おそらく、家の構造もそこで暮らす人々の人間関係を表していた。台所や居間、寝室や隠居部屋などの配置は、その家の住人だけでなく、隣人とのコミュニケーションも考慮してつくられていた。だからこそ、家のなかの出来事は、隣人に知られやすい場所と隠されるべき場所に区別でき、それが共同体の間で共有されていた。

しかし、現代の住居はこのような人間関係を一切考慮していない。いくつかの住居のモデルがあって、それを個人が自分たちの生活設計にしたがって選ぶ。住居をつくる側がそこで得られる利便性と夢を解説し、住む側はその条件が自分の希望に合うかどうかを判断するだけである。両者が合意すれば、住居はモデルにしたがってまたたく間に建てられる。

私が子どものころは、まだ大工さんが家を建てていて、左官屋さんや畳屋さんといったいろんな職人たちの共同作業だった。棟上げのときには近所に餅を配り、近隣の住人が家のなかまで入ってきてあれこれ見てまわった。新しくどんな人々がどんなふうに住むかを、隣人たちは熟知して社会のネットワークに温かく迎え入れた。住居とは個人のものでありながら、隣人たちとの共有空間でもあったのだ。

それがいつしか個人の所有物となり、外の世界と隔絶する場所となった。私が暮らしている街でも、町家の建ちならぶ一角に突然マンションが建ち、現代風の店ができたりする。どんな人がどんな暮らしを営んでいるかわからず、近所でうわさすらできない。時折上方の窓から、激しく子どもを叱る声や泣きじゃくる声が聞こえてきたりする。でも、その暮らしの実態がわからないので、介入していいかどうか判断に苦しむ。

現代は、あらかじめ用意された住居が個人の好みで建てられる時代である。それは昔とは逆に人間関係を規定し、個人や家族を隔離し、社会のつながりを分断している。今一度、人間どうしの豊かな関係が見える住まいを考えなおすときが来ているのではないだろうか。

家族と共同体の危機について

家族の崩壊は自己の喪失

複数の家族を含むコミュニティー（共同体）は、サルや類人猿には見られない人間だけの特徴だ。ゴリラは人間の家族と似た小集団をつくるが、それらが集まってコミュニティーをつくることはない。チンパンジーには家族的な集団がなく、複数のオスとメスがコミュニティーのような大きな集団をつくるだけだ。

なぜ類人猿は家族とコミュニティーを組み合わせた社会をつくれないのか。その理由は、家族とコミュニティーはそもそも維持される原理が違うからだ。家族は見返りを求めない援助と協力によって、コミュニティーは集まることで利益が得られるような互酬性や規則によって、それぞれ成り立っている。しばしばこの二つの原理は拮抗《きっこう》する。地域社会の厄介者が家族では最良の父親という場合や、ある組織ではみんなの尊敬を集めるリーダーが家族のなかでは嫌われ者という場合があるのだ。その矛盾に耐えられないから、サルや類人猿はどちらかの原理により強く依存して群れをつくる。

ではなぜ、人間だけが家族を温存したコミュニティーをつくったのか。いや、つくることができたのか。その背景には文化的な理由より、生物学的な要因が大きく関与していたと私は考えている。

最近、オランウータン、ゴリラ、チンパンジーといった類人猿の野生における成長や繁殖の特徴が明らかになって、人間の生活史の不思議な側面が浮かび上がってきた。人間は多産であるにもかかわらず、子どもの成長が遅いのだ。

類人猿の赤ちゃんは人間より長い期間母乳を吸って育つので、その間は母親が妊娠できない。ゴリラは3～4年、チンパンジーは5年、オランウータンはなんと7年も母乳を吸って育つ。だから出産間隔が長く、生涯に数頭しか子どもを産めないし、おとなになる子どもは2頭前後である。そのため、数は増えず、今は絶滅の危機に瀕《ひん》している。

ところが、人間の赤ちゃんは2年足らずで離乳し、母親は年子を産むことも可能だ。生涯に10人以上の子どもを育てることもできる。

この特徴は遠い昔、人間の祖先が類人猿のすむ熱帯雨林から離れて、大型の捕食動物が多い草原へと進出した時代に獲得したと考えられる。逃げこむ樹木のない草原は危険だし、無防備な幼児がよく犠牲になるのだ。

肉食獣の餌食になりやすい動物は生涯にたくさんの子どもを産む。その方法は二つある。一つはイノシシのように一度に何頭も子どもを産む方法だ。もう一つはシカのように、一産一子だが子どもの成長は早く、毎年子どもを産む方法だ。人間の祖先も、捕食によって高まる子どもの死亡率を補うために多産になったと考えられる。サルや類人猿の仲間である人間は、一度にたくさんの子どもを産むのではなく、出産間隔を短くして何度も産む方法を選んだのだ。森林性と草原性のサルを比べると、草原性のほうが多産だし、子どもの成長も早い。

しかし、人間は多産なのに、子どもの成長は類人猿よりずっと遅い。それは脳を大きくしたためである。

人間の進化史で、最も早く現れる人間らしい特徴は直立二足歩行だ。これは長い距離をゆっくり歩くのに適した様式で、自由になった手で物を運べる利点がある。おそらく、広い範囲で食物を探し、それを安全な場所に運んで食べたのだ。もちろん、肉食獣にねらわれやすい子どもたちに運んだと思われる。

その数百万年後、脳が大きくなりはじめた。ところが、二足歩行によって骨盤が皿状に変形し、産道の大きさが制限されて大きな頭の赤ちゃんが産めない。そこで人間は、類人猿とあまり変わらない頭の大きさの赤ちゃんを産み、類人猿の2倍以上の時間をかけて子どもの脳を大きくすることにしたのである。

ゴリラやチンパンジーの子どもの脳は、4歳ほどでおとなの大きさに達する。しかし、人間の子どもの脳は12〜16歳まで成長を続けて、ゴリラの脳の3倍になる。とくに生後1年間はゴリラの4倍のスピードで脳が成長し、5歳までにおとなの脳の90％に達する。脳はコストの高い器官で、成人でも体重の2％しかないのに摂取エネルギーの20％を費やしている。成長期の子どもの脳は45〜80％の摂取エネルギーを必要とする。そこで人間は、身体の成長を後回しにして、脳の発達を優先するように成長期をのばした。おかげで、頭でっかちで手のかかる子どもをたくさんもつことになったのだ。

これが、家族とコミュニティーの必要になった原因である。母親の手だけでは子どもを育てられないから、共同の育児が必要になる。複数の家族が集まり、子育てを優先課題にしてさまざまな協力体制を整えたのだ。

類人猿の赤ちゃんはとても静かだ。ゴリラのお母さんは生後1年間、片時も赤ちゃんを腕から離さない。赤ちゃんはずっと母親にしがみついているから、泣いて自己主張する必要がない。人間の赤ちゃんは、けたたましい声で泣く。これは、産まれ落ちてすぐに母親以外の手に渡されて育てられるからである。

人間の赤ちゃんはお母さんにつかまれないほどひ弱である。しかし、体重はゴリラの赤ちゃんの2倍近くある。それは、人間の赤ちゃんが分厚い脂肪に包まれて産まれてくるからだ。脳を急速に成長させるためには過大なエネルギーが必要である。脂肪はそのエネルギーの不足を補う役割を果たす。だから、人間のお母さんは重くてひ弱な赤ちゃんを抱き続けることができず、置くか、だれかに渡すことになる。そこで、赤ちゃんはけたたましく泣いて自分の不具合や不満を訴えるのである。泣くのは赤ちゃんの自己主張なのだ。

その赤ちゃんを泣きやませようとして、多くの人々が共同で働きかけ、食物をもち寄っていっしょに食べ、子守歌が生まれ、音楽で人々の気持ちを一つにするコミュニケーションが発達した。まだ言葉がしゃべれない赤ちゃんは、いくらしゃべりかけてもその意味がわからない。でも、赤ちゃんに語りかける声は世界各国共通で、トーンが高く、くり返しが多いという特徴をもっているという。赤ちゃんは言葉の意味ではなく、音の高さと抑揚を聞いているのである。ある仮説によれば、それがいつしかおとなの間にも普及し、音楽として用いられるようになったという。

共食と音楽は、言葉が登場する以前から人間に備わった、類人猿にはほとんど見られない特徴である。これらのコミュニケーションによって発達したのが、他者を思いやる心の働きだ。音楽には、お母さんと赤ちゃんのように一体化して、世界を共有させる働きがある。それを人間は言葉によって高めた。自分が体験していないことを言葉によって他者と分かち合い、多くの人と交流できるようになった。

しかし今、その共感を人間はだんだん失おうとしている。コミュニケーションの方法が変化したからだ。インターネットや携帯電話で、近くにいる人より見えない場所にいる人を優先する社会が出現した。この方法では、家族とコミュニティーの異なる原理を併用することができない。自己を重んじ、自分を中心に他者とつき合う傾向が肥大しつつある。逆説的だが、それは人間としての自分を失うことに通じる。なぜなら、人間は自分で自分を定義できず、信頼できる人たちの期待によって自分をつくる必要があるからだ。その信頼の輪が家族と共同体だったのだ。

今、家族の危機といわれて久しい。こう見てくると、家族の崩壊は自己アイデンティティーの危機なのである。

ゴリラ型イクメンが社会を利己的にする

昔私は『父という余分なもの』という本を出した。そのとき、「人間にとって父親は無用なのか？」と問いただされた記憶がある。しかし、タイトルの真意は、「動物にとって余分なものである父親をつくったことが、人間社会の基本になっている」ということにある。

動物のオスは子孫に遺伝子を提供することはあっても、常時子どもの世話をする父親になることはまれだ。哺乳類では、育児がメスに偏っており、オスが育児に参加するのはオオカミなどの肉食動物にほぼ限られている。

ではなぜ、人間の社会は父親をつくったのか？　それは人間が頭でっかちで成長の遅い子どもをたくさんもつようになったからだ。豊かで安全な熱帯雨林を出て、危険で食物の少ない環境に適応するため多産になり、脳を大きくする必要に迫られて身体の成長を遅らせた結果である。母親ひとりでは育児ができなくなり、男が育児に参入するようになったのだ。しかし、育児をするだけでは父親にはなれない。父親とは、ともに生きる仲間の合意によって形成される文化的な装置だからである。

ゴリラの社会を見るとそれがよくわかる。ゴリラは霊長類のなかでオスが子どもの世話をするまれな種であるが、このオスも自分の意志だけでは父親になれない。まずメスから信用されて子どもを預けられ、次に子どもから頼りにされなければ、父親としての行動力を発揮できない。オスは、母親が置いていった子どもたちを一手に引き受け、外敵から守り、子どもたちが対等につき合えるように監督する。周りに集まった子どもたちを決してえこひいきすることはない。けんかが起こると必ず小さな子どもを助けるし、先に手を出したほうをいさめる。だから、子どもたちはオスのそばでは体の大きさに関係なく対等につき合える。父親になったオスは、メスや子どもたちの期待にこたえるようにふるまうのである。

人間の社会は、母親や子どもだけでなく隣人の合意も得なければならない。ゴリラは家族的な集団で暮らしているが、人間はどこでも複数の家族が集まった共同体をつくるからである。家族と共同体の論理は相反することがある。親子や兄弟は互いにえこひいきするのがあたり前で、何かしてもらってもお返しが義務づけられることはない。しかし、共同体では互酬性が基本で、対等なやりとりが求められる。あるいは、あらかじめルールにもとづいて分担を決め、その役割に合った報酬を認め合う。この二つの論理を両立させられないから、人間以外の霊長類は家族的な小さな集団か、家族のない大きな集団で暮らしている。

人間が二つの相反する論理を両立させることができたのは、複数の男を父親にして共存させることに成功したからである。哺乳類のメスは、母親の時期と繁殖可能な時期を重複させることが難しい。授乳を促進するホルモンが排卵を抑制するからである。一方、オスは常に繁殖可能で、メスの発情に応じて交尾をする。人間は男に繁殖と育児の役割をあたえて父親をつくったからこそ、女も繁殖と育児の両立が可能になった。だから、女も男も家族と共同体に同時に参加できる社会をつくることができた。えこひいきと互酬性を男女ともに使い分けられるようになった。「父という余分なもの」を利用して親の役割を虚構化し、子育てを共同体内部に拡大して、共感にもとづく社会をつくったのである。

しかし、昨今の日本社会を見ると、父親が実際、余分なものになりつつあるようだ。イクメン、イクジイという言葉がはやるように、育児をする男は増えた。だが、家族どうしのつき合いは薄れ、地域で共同の子育てをすることが減った。母親と子どもだけに認知されたゴリラのような父親が増えているのではないだろうか。経済的に自立できないために結婚できない男性や、結婚せずにひとりで子どもを産んで育てる女性が増えていると聞く。これでは、せっかく人間がつくり上げた虚構性、すなわちだれもが親になれる社会の許容力と柔軟性が崩れてしまう。

人間の父親は、母親と子どもだけに認められた存在ではなく、共同体のなかでその社会的役割が認められていなければならない。だから、その男が単なる男ではなく、父親としてふるまうことが許容されるのだ。父親としての役割を自認することによって、その男には特権や義務があたえられる。そして、周囲の人たちがあの子の父親はだれそれだと常に口にすることによって、男たちは不在のときを挟んでも父親としての地位を失うことがない。社会的父親とは人間が最初につくった文化だと私は思う。人間の父親は、家族だけでなく周囲の人間によって支えられていることを自覚してふるまうときに、その社会力と魅力を発揮できるのである。

人間がゴリラと違うのは、自分が属する集団に強いアイデンティティーをもち続け、その集団のために尽くしたいと思う心があることである。これは子ども時代に、すべてをなげうって育ててくれた親や隣人たちの温かい記憶によって支えられている。そして、人間が他者に示す高い共感能力も、家族を超えた子どもとのふれ合いによって鍛えられる。そのアイデンティティーと共感力が失われたとき、人間は、自分と近親者の利益しか考えない極めて利己的な社会をつくりはじめるだろう。父親を失いつつある日本社会は、その道をひた走ってはいないだろうか。

真に信頼できる人の数

年末年始には、お歳暮や年賀状を送るため友人の名前や顔を思いだす人が多いと思う。毎年もういいかと思って出さないでいると年賀状が来る。逆に、来て当然と思う人からは来ないことがあって行き違いを感じる。やはり、贈り物や便りは双方向であるべきだという気持ちがあるので、つい多くの人へ発信することになる。

相手に何かしてもらえばお返しをしなければという思いや、何かすればお返しがあるはずだという思いは、人間独特のものだ。この世界のどこへ行っても、人間はこの互酬性にもとづいて社会をつくっている。隣近所のつき合いには助け合いの精神が反映されているし、選挙の投票でも、私たちのために働いてくれると思う候補者に票を入れる。だから、当選した議員が私たちの期待に反した行動をとると、裏切られたという思いを抱くのだ。また、奉仕や援助のように、一見お返しを期待しない行動であっても、それがいつかは自分や自分の親族にとって有益になるという気持ちがないとはいえない。社会における自分や家族の立場は、自分の行為に対する周囲の評判に左右されるからだ。

では、この互酬性はどんな行動から進化したのだろうか。個々の動物が日々の生活で所有するものは食べ物である。でも人間と違って、動物たちはめったに食べ物を仲間にあたえることはないし、もらったからといってお返しをしたりはしない。食べ物の数には限りがある。わずかな量しかないとき、複数の個体が手を出せばけんかが起こる。だから、動物たちは一頭ずつなわばりをつくり、隣のなわばりには侵入しないようにしてけんかが起こるのを防ぐ。群れで暮らしている動物は、けんかが起きないように食べ物をとる優先権をあらかじめ決めている。

たとえば、ニホンザルは互いの優劣を認め合って暮らしていて、食べ物は必ず優位なサルがとる。劣位なサルは手を引っこめ、食べ物に関心がないような態度をとる。あらかじめ勝ち負けを決めてつき合えば、けんかは起こらないというわけだ。とったサルが食べ物を分けることはないし、とれなかったサルがうらむこともない。こうしたサルの行動から考えると、食べ物を交換するには、自分も相手も同等であるという気持ちや、相手にあたえたいという気持ちが必要なことに気づく。動物たちにはそれが欠けているのだ。では、その二つの心はどのようにして芽生えたのだろう。

動物が食べ物を仲間にあたえたり、分配したりするのは大きく二つの場合に分かれる。一つは求愛のディスプレーとしてオスがメスにあたえる場合で、昆虫や鳥によく見られるが哺乳類ではめったにない。もう一つは、養育者が子どもにあたえる場合であるが、哺乳類の場合には離乳後に見られることがある。とくに、母親以外の個体が子育てに加わる動物では、養育者が子どもに食べ物をあたえる。

最近、サルの仲間では、ある分類群だけに食べ物を分配する行動が多発することがわかってきた。個体がなわばりをつくる夜行性のサルや、ニホンザルのような優劣のルールが徹底しているサルでは見られない。オスがよく子育てに参加する新世界ザルや、子どもの成長に時間がかかる類人猿によく見られるのである。しかも、離乳後に母親や養育者から子どもに固形食物があたえられる種にのみ、おとなどうしの間にも食べ物が分配されることがわかっている。これらの観察事実にもとづくと、人間に見られる食べ物の分配も、多産と長い成長期による負担の重い子育てに端を発し、それがおとなの間に普及して目的を変え、食物を用いて人間関係を操作することに主眼が置かれるようになったのではないだろうか。

人間は、遺伝的に近縁なゴリラやチンパンジーに比べると、成長の遅い子どもをたくさん産むという性質をもつ。どの社会でも子どもは長い間、食べ物をあたえてもらって成長する。それを可能にするために共同の子育てが必要になり、食べ物の分配や仕事の分担、そして平等の意識が生まれ、互酬性にもとづく社会がつくられたのではないだろうか。

では、人間にとって、どのくらいの規模のコミュニティーで暮らすのが合っているのか。実は、それが脳の大きさから推定できるという説がある。

人間の脳は700万年前、チンパンジーとの共通祖先と分かれた後も、ずっと小さいままだった。200万年前にやっとゴリラの脳サイズ500ccを超えて大きくなりはじめ、40〜60万年前までには3倍に増加して現代人の脳サイズに達する。でも、人間が言葉を話すようになったのは約7万年前だというので、脳は言葉を話すことによって大きくなったのではないということになる。

ではなんのために大きくなったのか。人間以外の霊長類で脳の大きさに関係しそうな特徴から調べてみると、それぞれの種が示す集団の平均サイズがきれいに正の相関を示すことがわかった。つまり、集団サイズが大きいほど、仲間の数が多いほど、脳が大きくなっているのだ。

それを現代人の脳サイズにあてはめると、私たちの脳の大きさに対応する集団規模は150人だということがわかった。面白いことに、現代でも自分で食料を生産せずに、自然の恵みに頼っている狩猟採集民の平均的な村のサイズは150人だそうだ。今、都市に暮らす私たちは数千人、数万人規模のコミュニティーで暮らしているが、実際信頼関係を築いてつき合っている人の数は150人程度なのかもしれない。

私はそれを、年賀状を出すときにリストに頼らず思い浮かべられる人の顔の数ではないかと思う。それは、言葉でも文字でもなく、いっしょに何かを体験した、共有した経験によって記憶に収められている人の数である。つまりその数が、互酬性にもとづいて自分がよりよき関係を保ちたいと思う社会の規模なのだ。それは、子どもたちをいっしょに育てるのに適し、長い間忘れることのない友人の数なのである。

言葉は集団の規模を拡大したが、本当に信頼できる人々の輪を拡大できてはいないに違いない。

人を人たらしめるものとは

ペットも飼い主もロボットになるとき

数年前から、日本では15歳以下の子どもの数より飼われている犬猫の数が上回ったといわれている。犬猫以外にもモルモットや小鳥、亀、金魚など多種にわたるペットがいる。日本は世界でも有数なペット大国となった。

一方で、日本はロボット大国としても知られている。人間の代わりに重い荷物を運ぶ産業用ロボット、深海や地雷原など危険な場所で働く探索用ロボット、診療や手術を補助する医療用ロボットなど、さまざまな用途で開発され、すでに実用化されているものもある。最近ひときわ注目を浴びているのがヒューマノイド（人間型）ロボットだ。

パナソニックのエボルタ電池を搭載した手のひらサイズのミニロボットは、アメリカのグランドキャニオンの登頂に成功した。乾電池の性能を証明する試みだったが、見ている私たちは、ロボットがロープを登るたびにがんばれと声援を送りたくなった。このロボットを製作した高橋智隆氏によると、これからはロボットに仕事をしてもらうのではなく、ペットのようにつき合えるヒューマノイドの時代だという。直立二足歩行をするホンダのアシモも、人間と協調しながら動くヒューマノイドロボットに変身しつつある。

ロボットは20世紀初めに化学的合成人間として登場し、その後主体性を人間に委ねる機械として定義されるようになった。アイザック・アシモフのロボット三原則（人間への安全性、命令への服従、自己防衛）は有名である。それが時代を経て、人間に愛護される対象として生まれ変わろうとしているのだ。

私は、ペットや動物とロボットは対極的な存在だと思う。動物は人間とは姿形が違うし、コミュニケーションの方法や求めていること、理解の仕方も異なる。

それでも私たちは動物に話しかければ、彼らなりの方法でそれにこたえてくれるはずだと思いこんでいる。単に私たちが彼らの反応を勝手に解釈しているだけかもしれないが、それを証明するのは難しい。それに、そんなことを確かめなくても支障はない。ペットと共存できていれば、私たちは満足感を覚える。

ロボットは正反対だ。人間がつくったから、人間の計算通りに動いてくれなければ困る。仕事を効率よく安全に進めるために、不満を言うことなく、同じことを何度でもくり返してくれる。融通は利かないが、人間の望む通りに改善し動かすことができる。だから、その前で人間は不安を抱かない。何トンもあるトラックが目の前に迫ってきても不安を感じないのに、ゾウが目の前に迫れば恐怖にかられる。それはゾウの心が読めず、人に慣れていても何をするか完全には予測できないからだ。ヒューマノイドはいくら外見が人間に似ていても、機械である限りそのような不安を覚えずにすむ。ロボットは動物のような命や魂をもっていないからである。

その常識がどうやら変わりはじめた。今、動物の姿をしたロボットたちが人間の世界で活躍しはじめている。イヌのＡＩＢＯやアザラシのパロは、安全で手間のかからないペットとして人々の心を癒やしている。ヒューマノイドがそういった特徴をもって人間の世界に入ってくるかもしれない。現代の技術では、人間の語りにロボットが反応するだけでなく、人間に語りかけてくれることも可能だそうだ。人間のしたいことを先回りして提案してくれるものもできつつある。ネット上のマーケットのように、その人の過去の注文にもとづいて次に求めるものを提案してくれるのである。

ペットの動物とロボットとの溝は急速に埋まりつつある。ひょっとしたら、子どもの代わりにロボットをもつ人が増えるかもしれない。ロボットはいつまでも子どもでいてくれるし、不満を言わずに介護までしてくれるからだ。

しかし、ロボットと動物の違いは重要だと私は思う。生物は自分が生きるために自己主張をし、成長し、やがて死んでいく。私たちに制御できない自然の営みだ。それに寄り添い、共感することで、自分も生物であることを実感する。動物を完全には操作できないから、その主張を認め、相手を信頼しようとする。その心の動きは相手が人間であっても同じことだ。

ヒューマノイドの登場は人間が今、自己主張せずに気遣ってくれるパートナーを求めていることを示唆している。ただそれは、ロボットを人間にするのではなく、人間のロボット化、機械化を意味してはいないだろうか。

AIさえあれば生きていけるのか

最近の人工知能（ＡＩ）ブームは、人間のロボット化を加速しているような気がする。人工知能は膨大なデータを瞬時に分析することができ、深層学習によって必要なソフトを自動的に探しあて、適切な分析方法を考案することができる。今、さまざまな場所で利用されつつあり、生活は効率的に便利になってきている。それは喜ばしいことだが、同時に人間がＡＩ的になってきていることが危惧されているのだ。

ＡＩを東大に入学させようとする「東ロボくんプロジェクト」を実施してきた新井紀子さんは、ＡＩは文章の意味を理解することが苦手だという。ある言葉にまつわるこれまでのデータを検索し、それが使われてきた文脈に沿って解答するので、その言葉が使われているその文章の意味を読んでいるわけではないからだ。たとえば、おいしいイタリアンレストランを教えてと質問し、その後でまずいイタリアンレストランはと問うと、同じ場所を答えるという。レストランを探すと き、「まずい」という言葉がほとんど使われないので、「うまい」場所に収斂《しゅうれん》してしまうのである。

驚いたことに、日本の中高生にＡＩの苦手な質問をしてみると、かなりの割合で誤って答えてしまうという。これは、子どもたちの頭脳がＡＩ的になっているせいだと新井さんは言う。文章の意味を考えずに、言葉を検索して頭のなかで個々の属性だけをつなぎ合わせているのである。これでは、せっかく「思考力・表現力・判断力」を向上させようとして記述式の試験を導入しても、成績は上がらない。読解力が低いままに大学で高等教育を受けても、知識も技術も身につけることはできないと新井さんは嘆く。

これは、人間が言語を手にして以来、脳の中身を外部化してきた当然の、しかし大いに危惧すべき結果なのではないかと私は思う。

言語は、環境を名づけ、それをもち運びせずに他者に伝える効率的なコミュニケーションである。見えないものを見せ、現実にはないものを想像させて、人間に因果的な思考や抽象的な概念をもたらした。文字は言葉を化石化させて時間や空間を超えて伝達できる道を開き、電子メディアの登場は画像や映像の技術を革新して、人間の視覚と聴覚の世界を急速に拡大した。これらの過程を通じて、人間はそれまで脳にとどめておいた記憶や知識を外部のデータベースに収納し、そこにアクセスさえすればいつでも利用できるシステムを構築したのである。

少し前まで頭で覚えていたことが、今ではスマホのなかに納まっている。友人の電話番号も、地理情報もこういったデータベースに頼らざるを得なくなっている。生まれたときからスマホを手にしている子どもたちは、こういったＩＣＴ社会に慣れてしまっている。そのうち、データを利用して考えることさえも、ＡＩに任せてしまうようになりはしないだろうか。文章を読解する能力をもたなくても、ＡＩさえあれば生きていける。でもそうなったとき、人間は動物ではなくロボットに近い存在になっているのではないだろうかと私には思えるのである。

自然と歴史の間を旅して

数年前、イギリスのマンチェスター大学で開かれた「国際人類学・民族学会連合大会」に招かれた。20世紀前半の最大の思想家と呼ばれるオルテガ・イ・ガセットの格言「人に自然はない、あるのは歴史だけだ」をめぐってディベートをしようというのである。私以外に英米の大学から3人の学者が参加し、2人ずつ賛否の意見を述べ合った。

オルテガの主張は、人間とは過去の集積、つまり歴史の上に存在しており、自然の営みとは独立に動いているということである。この意見を支持するアバディーン大学の人類学者ティム・インゴルドは、人間の顔の中央についている鼻の多様性を挙げ、自然選択によって進化した共通の特徴とは理解できないと断じた。それぞれの人間に見られる特異性は成長の過程でつくられ、遺伝子が定める固定的なものではないというわけだ。人間は類人猿との共通祖先から分かれて進化をとげる過程で、生物学的な軸から歴史的な軸へと乗り換え、文化によって自然性を駆逐してしまったというのである。だから人間に関して普遍的なモデルはもう存在しない。

これに対して私は二つの点から疑義を唱えた。人間は自然によってまだ支配されているということと、歴史に左右されるのは人間だけではないということだ。第二次世界大戦後に産声をあげた日本の霊長類学は、人間と動物の社会に連続性があることを証明しようとし、人間独自のものとみなされていた文化や家族の起源を霊長類の社会に求めた。

最初の注目すべき発見のなかに、ニホンザルが近親間で交尾をしないという現象がある。人間社会ではインセスト・タブーとして普遍的に制度化されており、かつて人類学者のレヴィ＝ストロースはこれを自然から文化へ移行する制度と呼んだ。血縁の近い男女の結婚によって遺伝的に劣勢の子孫が生まれるという生物学的な理由だけでなく、この制度があることによって人間関係や社会構造に必然的な変化が起こるからである。しかしレヴィ＝ストロースは動物にも似たような現象があることを知らなかった。

ニホンザルが近親間で交尾を回避する行動は宮崎県の幸島や京都市の嵐山で観察され、やがて4親等以内の近縁な個体間で交尾がめったに起こらないことが確認された。しかもこれは生物学的な血縁関係と必ずしも一致せず、生後に世話を通じて親密な関係が築かれることによって生じる。近親でなくても子ども時代に親密になれば、思春期に交尾を避ける間柄になるのである。

この傾向は人間にも認められており、近親間の性交渉は制度によってのみ避けられているわけではない。ゴリラではこの回避が父親と娘の間に起こることから、この現象が娘を父親から遠ざけ、他の集団へ移らせるきっかけになっていると私は考えた。人間が家族をつくる上で重要な外婚（家族の外に配偶者を求めて結婚すること）とインセスト・タブーが、制度化せずとも自然の要請のもとに成立しうることを指摘した。つまり人間を含む霊長類は、生後の経験（歴史）によって社会関係がつくられるように進化したのである。

過去の経験の上に現在の行動がつくられるのは機械も同じである。昨今のコンピューターは過去の情報にもとづいて顧客の嗜好《しこう》を計算し、将来への提案をしてくれる。でも人間が動物とも機械とも異なるのは、想像力によって自分と世界をつくることである。それは世界と同化し、自分に世界をとりこむ能力であり、もとをただせば動物にもある共感能力に由来する。それを高度に発達させたからこそ、人間は逆に自らつくりだした環境や組織、倫理によって自らをつくるようになったのである。だから私は、「いまだ人間は自然と歴史の間を旅している」と提案した。

マンチェスター大学の伝統によれば、ディベートは最後に聴衆の賛否を問うことになっている。挙手による結果は約2対1で、オルテガの言葉を支持した側が優勢だった。だが、いまだ人間の進化に懐疑的な社会人類学者の多い学会で、3分の1も賛意が得られたのは大きな成果だったと思う。

大会の共通テーマは「人間性の進化と台頭する世界」だった。ディベートの立場の違いは、人間性を歴史以前に置くか、以後に置くかという違いだったと思う。今、世界の政治や経済が大きく変動するなかで、多くの民族や文化が消滅しようとしている。改めて、人間とは何か、歴史とは何かを問いなおす必要性を痛感させられた。

サルを超えた福を呼ぶ笑い

自然と文化の間にある人間の表情に「笑い」がある。「笑う門には福来る」という。笑い声の絶えない家には幸福がやってくるという意で、楽しく朗らかに日々を過ごすことの大切さを伝える言葉だ。

笑いとはそもそもどんな表情だろう。冷笑、苦笑、失笑など、楽しいとはいえない笑いもある。人間の笑いは楽しさや喜びだけを表しているわけではない。私たちはなんのために笑うのだろう。動物は笑わない。馬にはフレーメンという笑いに似た表情と声があるが、これは発情の証しであってホルモンの作用によるものだ。犬は笑う代わりに尾を振るし、猫もゴロゴロ喉を鳴らすが無表情だ。彼らの顔には毛が生えていて、たとえ笑っても表情がよく見えない。

人間に近いサルは笑いの表情があるが、それには二つの由来があるといわれている。そもそも原始的な夜行性のサルは笑わない。夜で顔が見えないし、彼らは単独でなわばりをつくって暮らしていることが多く、仲間どうしで笑う必要がない。自分のなわばりに他のサルが侵入したらほえて威嚇し、追いはらう。自分が他のサルのなわばりに入ったら同じことをされる。いっしょにいられるのは交尾期のオスとメス、それに成長期の子どもと母親だけで、複数のサルがいっしょにいることはない。だから、笑いとは人間の祖先であるサルの仲間が昼の世界に進出し、群れをつくっていっしょに暮らしはじめてからできた表情であることがわかる。

　では、サルはいったいどういうときに笑うのだろう。ニホンザルは、強いサルに出会ったとき、歯をむきだして笑いのような表情を見せる。でも楽しくて笑っているわけではない。自分が劣位で敵意をもっていないことを知らせ、相手から攻撃されないようにしているのだ。ニホンザルは食物や休み場、交尾相手などをめぐるトラブルを、すぐに勝ち負けを決めて解消しようとする性質をもっている。相手が自分より強ければすぐに敗者の態度を示し、それ以上争いがエスカレートしないようにしているのである。笑いは敗者の表情なのだ。ときにはキッキッとおびえたような声がともなう。それを見ると、相手の強いサルは決して笑わず、堂々と餌を横どりし、その場を占有する。争いを起こさなかったことが笑いに対する応答なのだ。

もう一つのサルの笑いは、遊びの際に現れる。サルたちがとっ組み合って遊んでいるとき、口を開けてかむような行為をする。本気でかむわけではなく、いかにも楽しく興奮した表情だ。ゴリラやチンパンジーなど人間に最も近い類人猿になると、はっきりと笑いとわかる表情をつくるし、グコグコグコとくぐもった笑い声が出る。とくに年下の子どもが笑い声を出すことが多く、追いかけ合ったり組み合ったり、遊びが長続きするときは笑い声が絶えない。

人間の笑いは、この二つのサルの笑いに由来するといわれている。微笑は相手に自分が敵意を持っていないことを伝え、相手との緊張を解く。そもそも劣位な態度や謙譲を示すために用いられてきたのかもしれない。微笑は、戦わないことや和解を前提としたあいさつなのだ。微笑を浮かべる相手に尊大な態度をとる者は笑わない。それはサルと同じで、相手の態度によってはまだ戦う用意があることを示している。

でも人間の笑いの多くは、サルたちの遊びの笑いに由来する表情だ。そこには相手と楽しさを共有しようとする気持ちが含まれている。それは、遊びには双方が対等の立場で積極的に参加するという条件があるからだ。どんなに力の強い者でも、遊びは相手に強制できない。どちらかがやる気を失えば、遊びは続かない。そのために力の強いほうが自分にハンディキャップをつけ、相手の力を引きだすように誘いかける。そして、追いかけたり追いかけられたりというように、頻繁に役割を交代しながら楽しさを追い求めるのだ。

人間がよく笑うのは、このような遊びの精神を仲間との関係にとり入れて日常生活を送っているからだ。さらに高い共感能力をもち、仲間の気持ちがよくわかるから、笑いを共有する機会も多いのである。人間は相手からの笑いを期待して笑いかける。自分が笑いの種を提供し、笑いの対象になることで、みんなから笑いを引きだそうとする。それをやりすぎたり、誤った方向へ行ったりすると失笑や苦笑になるのだ。

サルの笑いと違うのは、人間の笑いが周囲の人々を引きこむ効果をもっているという点である。サルの笑いはあくまで当事者に限られる。人間に近いゴリラやチンパンジーの笑いも、相手を引きこみ遊びを長引かせる力はあるが、周囲の仲間をいっしょに笑わせるような大きな影響力をもたない。しかし、人間の笑いは周囲に伝染し、多くの人々がいっしょに笑い、愉快で楽しい気分に浸ることができる。これが多くの人々を和ませ、結びつける。その経験によって私たちはそれまでの敵意を弱めたり、より強いきずなを結んだりできる。笑いは人間の生理現象であると同時に、重要な社会的コミュニケーションの手段でもあるのだ。

アフリカで野生のゴリラとつき合っているとき、だんだん自分の顔の表情が乏しくなっていくことに気がついたことがある。笑う機会が少なく、顔が次第にこわばってくるのだ。顔の表情は、人と顔を合わせることによってつくられるのだとつくづく思ったものだ。

ところで今、私たちは笑うことの多い暮らしを営んでいるだろうか。パソコンに向かい、ペットたちとだけ会話をする毎日を送っていると、表情をつくる機会も笑うことも少なくなる。笑いは人間の証しであり、人々に和をもたらす最良の手段であることを忘れてはいけない。サルの笑いではなく、福を呼ぶ笑いを浮かべて日々を過ごしたいものである。

ゴリラ的時間で豊かに生きる

老人は生きづらい世の救世主

還暦を過ぎて感じることがある。老いの時間は子どもの時間とは違うということだ。

子どもたちと同じように、老年期の人間は何かさし迫った必要性を感じて時間を組み立てはしない。時の流れとともに出合う出来事をそのまま受け止めている。そこには似たような時間が共有されている。だから昔から、老人と子どもは息が合うのだ。

しかし、成長にかかる時間は子どもたちにほぼ一様に訪れる。小学生のまま成長が止まることはないし、すぐに大学生になれるわけではない。子どもたちは、同年齢の友達が同じように成長していく姿を自分と比較しながら、自分の将来の姿を夢見ることができるのだ。

一方、老いは一様にやってくるわけではない。足腰の衰えが先にくる人もいれば、急に認知症になる人もいる。あっという間に老けこんでいく人もいれば、年齢の割には若く見える人もいる。病で早く亡くなる人もいれば、長寿を全うする人もいる。自分があとどのくらい生きられるのか、はっきりしたことはわからない。子どもたちが将来の目標をもって生きるのに対し、老人たちの視線は不確かな霧のなかへ注がれているのだ。

しかも、老いの受け止め方も千差万別だ。物忘れや記憶違いが多くなってあわてる人もいれば、それをいいことにひょうひょうと生きる人もいる。周囲から相手にされなくなって孤独に悩む人もいるし、これまでの人間関係を断ち切って新しい仲間を求める人もいる。これまでの仕事にさらに磨きをかける人、全く違うことをはじめる人というように、老年期の過ごし方は人それぞれに異なっている。

それは、老いの内容がそれまでの人生の過ごし方によって大きく異なるからだ。老人は個性的な存在である。子どもたちと同じように、老人たちを集団で扱うことはできない。

人類の進化史のなかで、老年期の延長は比較的新しい特質だと思う。ゴリラやチンパンジーなど人類に近い類人猿に比べると、人類は多産、長い成長期、長い老年期という特徴をもっている。多産はおそらく古い時代に獲得した形質だ。人類の祖先が安全で食物の豊富な熱帯雨林から出て、肉食動物の多い草原へと足を踏みだしたころ、幼児死亡率の上昇に対処するために発達させたと考えられる。成長期の延長は脳の増大と関連がある。ゴリラの3倍の脳を完成させるため、人間の子どもたちはまず脳の成長にエネルギーを注ぎ、体の成長を後回しにするよう進化したのである。脳が現代人並みに大きくなるのは40～60万年前だから、そのころすでに多産と長い成長期は定着していたに違いない。

しかし、遺跡に明確な高齢者の化石が登場するのは数万年前で、ずっと最近のことだ。これは、体が不自由になっても生きられる環境が整わなかったからだと思う。定住して余剰の食料をもち、何より老人をいたわる社会的感性が発達しなければ、老人が生き残ることはできなかったであろう。家畜や農産物の生産がその環境整備に重要な役割を果たしたことは疑いない。

ではなぜ、人類は老年期を延長させたのか。高齢者が登場したのは、人類の生産力が高まり、人口が急速に増えていく時代だった。人類はそれまで経験しなかった新しい環境に進出し、人口の増加にともなった新しい組織や社会関係をつくりはじめた。さまざまなあつれきや葛藤が生じ、思いもかけなかった事態が数多く出現しただろう。それを乗り切るために、老人たちの存在が必要になった。人類が言葉を獲得したのもこの時代だ。言葉によって過去の経験が生かされるようになったことが、老人の存在価値を高めたのだろう。

しかし、老人たちは知識や経験を伝えるためだけにいるのではない。青年や壮年とは違う時間を生きる姿が、社会に大きなインパクトをあたえることにこそ大きな価値がある。人類の右肩上がりの経済成長は食料生産によってはじまったが、その明確な目的意識はときとして人類を追いつめる。目標を立て、それを達成するために時間に沿って計画を組み、個人の時間を犠牲にして集団で歩みをそろえる。危険や困難がともなえば命を落とす者も出てくる。目的が過剰になれば、命も時間も価値が下がる。その行きすぎをとがめるために、別の時間を生きる老年期の存在が必要だったに違いない。

昔、屋久島で野生のニホンザルを調査しはじめたとき、一つの群れが分裂して二つの群れができた。血縁の近いメスたちが分派行動をして、それにオスや子どもたちがついて歩くことでやがてはっきりと別々の群れになった。遊動域がいっしょだから、よく分派群が衝突し、いがみ合いになった。そんなとき、ポッシーと名づけた老メスが不思議な行動をとった。ゴッゴッと威嚇音を出してにらみ合うオスたちの前をひょうひょうと通り過ぎて、群れの間を渡り歩いたのだ。まるで、敵対する現場など目に入らないかのように落ち着いて葉っぱを食べはじめた。それを見て、サルたちもあっけにとられたように戦いを止めた。

そういえば、ポッシーはどちらの群れにも出現することに私たちは気づいた。群れの分裂が疑われた当初、なかなか分裂したと断定できなかったのは、この老メスがどちらの群れにも姿を現していたせいなのである。分裂したどちらの群れにもポッシーの子どもたちが含まれているからだろうと私たちは考えた。しかし、ポッシーは若いメスやオスたちのいがみ合いとは全く別の世界にいたのである。

人間以外の動物の世界でも、老いという境地が若者たちの共存へ重要な意味をもっていると感じたのはそのころだった。それは、次に調査したゴリラにもさらにはっきりと認めることができた。

人間の社会においても、老境の存在は対立を解消し平和を実現する上で常に大きな影響力を発揮してきたに違いない。老人たちはただ存在することで、目的的な強い束縛から人間を救ってきたのではないだろうか。その意味が現代にこそ重要になっていると私は思う。

仲間を見つめるゴリラ、スマホを見つめる人間

「時間どろぼう」という言葉を記憶している読者は多いだろう。ドイツの作家ミヒャエル・エンデ作『モモ』に出てくる言葉である。時間貯蓄銀行から派遣された灰色の男たちによって、人々の時間が盗まれていく。それをモモという少女が活躍してとりもどす。そのために彼女がとった手段は、ただ相手に会って話を聞

くことだった。このファンタジーは現代の日本で、ますます重要な意味をもちつつあるのではないだろうか。

時間とは記憶によって紡がれるものである。かつて距離は時間の関数だった。だから、遠い距離を旅した記憶は、かかった時間で表現された。「7日も歩いて着いた国」といえば、ずいぶん遠いところへ旅をしたことになった。その間に出会った多くの景色や人々は記憶のなかに時間の経過とともにならび、出発点と到着点を結ぶ物語となった。

しかし、今は違う。東京の人々にとって飛行機で行く沖縄は、バスで行く名古屋より近い。移動手段の発達によって、距離は時間では測れなくなった。

時間にとって代わったのは費用である。「時は金なり」ということわざは、もともと時間はお金と同じように貴重なものだから大切にしなければいけないという意味だった。ところが、次第に「時間は金で買えるもの」という意味に変わってきた。特急料金をはらえば、普通列車で行くより時間を短縮できる。速達郵便は普通郵便よりも料金が高いし、航空便は船便より費用がかさむ。同時に、距離も時間と同じように金に換算されて話題に上るようになった。

しかし、これは大きな勘違いを生むもととなった。金は時間のように記憶によって蓄積できるものではない。本来、金は今ある可能性や価値を、劣化しない紙幣や硬貨に代えて、それを将来に担保する装置である。いわば時間を止めて、その価値や可能性が持続的であることを認める装置だ。しかし、実はその持続性や普遍性は危うい約束事や予測の上に成り立っている。今の価値が将来も変わることなく続くかもしれないが、もっと大きくなったり、ゼロになるかもしれない。リーマン・ショックに代表される近年の金融危機は、そのことを如実に物語っている。

時間には決して金に換算できない側面がある。たとえば、子どもが成長するには時間が必要だ。金をかければ、子どもの成長を物質的に豊かにできるかもしれないが、成長にかかる時間を短縮することはできない。そして、時間が紡ぎだす記憶を金に換算することもできないのだ。社会で生きていくための信頼を金で買えない理由がここにある。信頼は人々の間に生じた優しい記憶によって育てられ、維持されるからである。

人々の信頼でつくられるネットワークを社会資本という。何か困った問題が起こったとき、ひとりでは解決できない事態が生じたとき、頼れる人々の輪が社会資本だ。それは互いに顔と顔とを合わせ、時間をかけて話をすることによってつくられる。その時間は金では買えない。人々のために費やした社会的な時間が社会資本の元手になるのだ。

私はそれを、野生のゴリラとの生活で学んだ。ゴリラはいつも仲間の顔が見える、まとまりのいい10頭前後の群れで暮らしている。顔を見つめ合い、しぐさや表情で互いに感情の動きや意図を的確に読む。人間の最もまとまりのよい集団のサイズも10～15人で、共鳴集団と呼ばれている。サッカーやラグビーのチームのように、言葉を用いずに合図や動作で仲間の意図が読め、まとまって複雑な動きができる集団である。これも日常的に顔を合わせる関係によって築かれる。言葉のおかげで、人間はひとりでいくつもの共鳴集団をつくることができた。でも、信頼関係をつくるには視覚や接触によるコミュニケーションに勝るものはなく、言葉はそれを補助するにすぎない。

人間が発する言葉は個性があり、声は身体と結びついている。だが、文字は言葉を身体から引き離し、劣化しない情報に変える。情報になれば、効率が重視されて金と相性がよくなる。現代の危機はその情報化を急激に拡大してしまったことにあると私は思う。本来、身体化されたコミュニケーションによって信頼関係をつくるために使ってきた時間を、今私たちは膨大な情報を読み、発信するために費やしている。フェイスブックやチャットを使って交信し、近況を報告し合う。それは確かに仲間と会って話す時間を節約しているのだが、果たしてその機能を代用できているのだろうか。

現代の私たちは、一日の大半をパソコンやスマホに向かって文字とつき合いながら過ごしている。もっと、人と顔を合わせ、話し、食べ、遊び、歌うことに使うべきなのではないだろうか。それこそが、モモがどろぼうたちからとりもどした時間だった。時間が金に換算される経済優先の社会ではなく、人々の確かな信頼にもとづく生きた時間をとりもどしたいと切に思う。

幸せな時間をとりもどすために

今、私たちは経済的な時間を生きている。そして、自分が自由に使える時間を欲しがっている。しかし、自分の時間とはいったいどういう状態のことをいうのだろう。それをどう過ごしたら、幸せな気分になれるのだろうか。

どこの世界でも、人は時間に追われて生活している。私がゴリラを追って分け入ったアフリカの森でもそうだ。晩に食べる食料を集めに森へ出かけ、明後日に飲む酒を今日仕こむ。昨日農作業を手伝ってもらったので、そのお礼として明日ヤギをつぶす際に肉をとり分けて返そうとする。それは、つきつめて考えれば、人間の使う時間が必ず他者とつながっているからである。時間は自分だけでは使えない。ともに生きている仲間の時間と速度を合わせ、どこかで重ね合わせなければならない。だから、森の外から流入する物資や人の動きに左右されてしまう。

ゴリラといっしょに暮らしてみて私が教わったことは、互いの存在を認め合っている時間の大切さである。野生のゴリラは長い間人間に追い立てられてきたので、私たちに強い敵意をもっている。しかし、辛抱強く接近すれば、いつかは敵意を解き、いっしょにいることを許してくれる。それは、ともにいる時間が経過するにしたがい、信頼関係が増すからである。

ゴリラたち自身も、信頼できる仲間といっしょに暮らすことを好む。食物や繁殖相手をめぐるトラブルによって信頼が断たれ、離れていくゴリラもいるが、やがてまた別の仲間といっしょになって群れをつくる。とくに、子どももゴリラは周囲のゴリラたちを引きつける。子どもが遊びにくれば、大きなオスゴリラでも喜んで背中を貸すし、悲鳴をあげれば、すっ飛んでいって守ろうとする。ゴリラたちには、自分だけの時間がないように見える。

人間も実はつい最近まで、自分だけの時間にそれほど固執していなかったのではないだろうか。とりわけ、木や紙でつくられた家に住んできた日本人は、隣人の息遣いから完全に隔絶することはできず、常にだれかと分かち合う時間のなかで暮らしてきた。それが原因で、うっとうしくなったり、ストレスを高めたりすることがあったと思う。だからこそ、戦後に高度経済成長をとげた日本人は、他人に邪魔されずに自分だけで使える時間をひたすら追い求めた。そこで、効率化や経済化の観点から時間を定義する必要が生じた。つまり、時間はコストであり、金に換算できるという考え方である。

しかし、物資の流通や情報技術の高度化を通じて時間を節約した結果、せっかく得た自分だけの時間をも同じように効率化の対象にしてしまった。自分の欲求を最大限満たすために、効率的な過ごし方を考える。映画を見て、スポーツを観戦し、ショッピングを楽しんで、ぜいたくな食事をする。自分で稼いだ金で、どれだけ自分がやりたいことが可能かを考える。でも、それは自分が節約した時間と同じ考え方なので、いつまでたっても満たされることがない。そればかりか、自分の時間が増えれば増えるほど、孤独になって時間をもてあますようになる。

それは、そもそも人間がひとりで時間を使うようにできていないからである。700万年の進化の過程で、人間は高い共感力を手に入れた。他者のなかに自分を見るようになり、他者の目で自分を定義するようになった。ひとりでいても、親しい仲間のことを考えるし、隣人たちの喜怒哀楽に大きく影響される。ゴリラ以上に、人間は時間を他者と重ね合わせて生きているのである。仲間に自分の時間をさしだし、仲間からも時間をもらいながら、互酬性にもとづいた暮らしを営んできたのだ。幸福は仲間とともに感じるもので、信頼は金や言葉ではなく、ともに生きた時間によって強められるものだからである。

世界は今、多くの敵意に満ちており、孤独な人間が増えている。それは経済的な時間概念によってつくりだされたものだ。それを社会的な時間に変えて、いのちをつなぐ時間をとりもどすことが必要ではないだろうか。ゴリラと同じように、敵意はともにいる時間によって解消できると思うからである。

第2章　しなやかな人間を創る教育とは

屋久島で野生のニホンザルを、アフリカで野生のゴリラを観察し続けて悟ったのは、子どもたちが成長するには自然の力が必要だということである。ニホンザルにもゴリラにも、それぞれが進化した場所の特徴が身体に埋めこまれている。たとえば、四季の変化の大きい日本で進化したニホンザルは毛がわりをするが、常夏の熱帯雨林で進化したゴリラは年中同じ毛皮をまとっている。そして、ニホンザルの子どもは春から夏にかけて一斉に生まれ、ゴリラの子どもの出生には特定の季節はない。

そういった環境の違いを生物は体で受け止め、それを心の発達にも反映させてきた。人間はゴリラやチンパンジーとともにアフリカの熱帯雨林で進化し、類人猿の生息したことのない草原や寒冷地へと足をのばしてきた。だから、人間の身体には類人猿と共通する特徴とともに、熱帯雨林の外で生きのびるために発達させた独自の特徴が織りこまれている。それを知ることが、人間に合った教育を考える上でとりわけ重要だと思うのである。

類人猿と共通なのは、胃腸が弱く、子どもの成長が遅いということである。人間の子どもには長い間食べ物をあたえて育てなければならないし、一人前になるにはたくさんの人の手助けが必要になる。

類人猿と違うのは、離乳が早く、思春期に成長が加速して心身のバランスが崩れる時期があるということである。人間の子どもはまだ乳歯のうちに離乳してしまい、大きな脳を発達させるために栄養価の高い食物を摂取する。脳の成長が止む思春期に、今度は身体の成長が加速して男女の差が明確になる。この二つの危なっかしい時期をどう支えるかというのが、子どもを育てるうえで最も重要な課題なのだ。

しかも、この二つの時期に人間の子どもは文化の色に染められていく。離乳期には言葉を話しはじめ、それぞれの民族に固有な衣装を身にまとい、音楽を聴いて育つ。思春期にはそれぞれの文化や伝統を表す行事に参加し、慣習を身につけ、男女の礼儀作法を学ぶ。社会における自分の位置や能力を自覚するのもこのころである。

そういったさまざまな課題をどういう順番で学ばせるのか。だれが、どのようにして。昨今は人工的な環境でなるべく効率的に課題をこなすことが促進されているようであるが、人間の子どもは自然に近い存在であることを忘れてはいけないと思う。人間の身体の歴史は悠久の自然のなかで形づくられ、身体そのものが自然なのだ。子どもたちはまず、自然のなかで自分の身体を知り、自然を取りこみながら自然と調和できる自分を意識していくのである。それを拙速に技術で進めてはいけない。

総長として大学の運営を任されるようになってから、日本の若者たちがじゅうぶんに学びの場をあたえられていないのではないかということが気になりはじめた。せっかく熾烈《しれつ》な受験戦争を勝ち抜いて大学に入ってきても、人間としての自然な能力を鍛えていないと、新しく移り変わる環境のなかで自分の才能を開くことができない。世界で活躍するためには学力や体力だけではなく、成長期を通じて獲得した確かな世界観と、五感をフルに働かせる直観力が必要なのだ。

それを私は、主にゴリラと暮らして実感するようになった。サルやゴリラを知ることは、人間の体や心に秘められている歴史を知ることにつながるのだ。ぜひその教訓を読みとっていただきたいと思う。

サル真似で野生の心を育てるべし

サルを知ることは人間を知ること

数年前から、公益財団法人日本モンキーセンターの博物館長を兼任している。ここには日本で唯一、博物館に登録されている動物園がある。大学と密接なつながりをもつ、世界でも珍しいアカデミックな動物園だ。レクリエーションだけではなく、動物を通して学ぶ場として活用してほしい。園内を歩きながら、動物から人間が何を学べるかを改めて考えてみた。

春の暖かい日差しを受けて歩くと、子どもたちのにぎやかな声が耳に心地よく響く。冬の寒さで縮こまっていたサルたちもにわかに活気づき、好奇心に目を輝かせて走り回る。なぜこんなにも、子どもたちは動物が好きなのだろう。

野生のサルやゴリラを研究してきた私は、子どもの絵本に間違った動物の姿が描かれているのに大きな不満をもっていた。大きな耳を羽ばたかせて空を飛ぶゾウや、大粒の涙を流しながら二足で立って歩くウサギなんてこの世にいるわけがない。そもそも動物が人間の言葉で話すなんてありえない。現実にはない動物の行動を物語にして子どもたちに聞かせるのは、教育として誤っているのではないかと思っていたのだ。

だから昔、ゴリラの子どもと人間の子どもがアフリカのジャングルで出会う絵本をつくったとき、私はゴリラの子どもの気持ちになってゴリラ語で書いた。むろん、ゴリラ語などという言葉があるわけではない。でも、ゴリラは自分の気持ちを伝えるとき、決まった音声を出す。それを音声表記で書くことによって、現場の状況を伝えたいと思ったのだ。絵を描いたのは、子どものころから現地で野生のゴリラに出会ってきたコンゴ人の画家である。現地の子どもの気持ちになって、彼とストーリーをつくった。

でも、アフリカの奥地でゴリラの調査をしながら、村々を渡り歩いて子どもたちの学びの場を目にすると、私のほうが間違っているのではないかと思いはじめた。中央アフリカの熱帯雨林では、村人たちが子どもたちに昔話を語る。そこに登場する動物たちは絵本の世界のように、人間の言葉をしゃべり、人間のような性格でドラマを演じる。アフリカばかりでなく、世界中のどの民族にも、絵本で語るような動物の物語があるし、それを聞いて子どもたちは育つ。

まず自然は、子どもたちにとって優しいものでなければならないのだ。言葉を操る人間の子どもたちにとって、世界は体で感じる対象であるとともに、想像するものでもある。そのなかで動物たちはさまざまにデフォルメされ、子どもたちに語りかける。初めて出会う多様な動物たちに子どもたちは驚きの目を向け、その動物たちに同化して、世界をながめるようになる。その驚きと感動こそが、子どもたちに想像する力をあたえるのだ。

動物園は、ちょうどこの絵本や昔話と現実世界との中間にあると思う。野生の動物たちが人間の前でのんきに日なたぼっこをすることなどめったにないし、自らやってきて語りかけることなどありえない。多くの野生動物たちは人間と敵対関係にあり、人間を避けようとしているからだ。彼らが実際どんな姿をして、どんな暮らしを送っているか、子どもたちが近くで詳しく観察することは不可能なのである。

動物園は、お話のなかに登場する動物たちの本当の姿を教えてくれる。どんなにおいがして、どんな声を出すか、人間と違うどんな能力があるのか。子どもたちはそこで、自然が自分たちの想像を超えるリアリティーに満ちていることを悟るのだ。しかし、それはまだ本当の自然ではない。野生動物たちの能力は、彼らが実際に暮らしている自然のなかで発揮されるからである。

私が園内を歩いた日、ワオキツネザルの赤ちゃんが誕生した。母親の母乳を気持ちよさそうに吸う赤ちゃんを、わずか20センチの距離から人間の幼児がのぞきこんでいるのが印象的だった。彼らはここまで人間を受け入れてくれるようになった。きっとこの幼児はキツネザルの赤ちゃんになった自分を感じていたに違いない。それが人間の子どものすばらしい能力だ。子どもたちは動物ばかりか、岩にだって風にだって川の流れにだってなることができる。しかし、やがて子どもたちは本当の自然のなかに、人間としての自分を見つける。だから、動物園は動物たちの野生の姿を見せなければいけないのだ。

サルを知ることは人間を知ることにつながる。実は、人間は自分の野生の姿や心をよく知らない。人間は長い間、サルや類人猿と同じ自然のなかで暮らしてきた。自然を改変し野生動物を排除して、人工的な環境で暮らしはじめたのはつい最近のことなのである。私たちを育てた野生の世界を知ることは、これから人間が歩むべき道を考えるときに役立つはずである。サルの世界を通してそれを伝えるのも、博物館の役割だと思う。

ゴリラと人間の野生の心

アフリカの熱帯雨林に野生復帰したゴリラを訪ねた。小さいころに親を失い、孤児院に保護されたり、そこで生まれたりしたゴリラだ。野生のゴリラの数が激減し、絶滅の危機に瀕しているので、人間のもとで育てられたゴリラを野生にもどし、数を増やそうという試みである。ゴリラを放すことによって、そこの生態系に新たに大きな影響をあたえてはいけない。そこで、以前ゴリラが生息していたことがわかっていて現在は絶滅している場所が選ばれた。川で囲まれた孤島のような森である。ゴリラは泳げないから、川を渡って他の場所に移動することはない。

ボートで1時間かけて会いに行ったのだが、ゴリラとの出会いはとても印象深いものだった。2カ月前に放された十数頭の群れは、まだ野生の食物をほとんど口にすることができず、餌を運んでくる人間をひたすら待っていた。水辺に設けられた鉄柵のこちら側から果物を投げてやると、走り寄ってむさぼりついた。野生のゴリラは毎晩ベッドを樹上や地上につくって寝るのだが、まだベッドをつくらずに地上の決まった場所で寝ているとのことだった。

別の場所に、数年前に放された3頭の若いゴリラがいた。もう野生の食物を自分でとって暮らしているという。しかし、ボートの音を聞きつけると水際まで駆け寄ってきた。3頭が肩をすり合わせるようにならんで、私たちをじっと見つめている。その目がなんとも悲しそうでいたたまれない気持ちになった。「なんで僕らを置き去りにしたの？」と訴えているような気がした。まだこのゴリラたちは人間に頼っている。人間が好きで、人間といっしょにいたいのだ。野生の食物を口にしていても、心は人間のもとにあると私は思った。

親から離されて、子どものときから人間の手で育てられた野生動物に、本来の野生の心をもたせるのはとても難しい。毎日ミルクや食べ物をもらい、体をきれいにしてもらい、抱かれることで不安な心をなぐさめてもらう。その記憶は長い間消えることがない。本来なら母親や父親、年上のゴリラたちに育てられるはずのゴリラたちが、人間の世話で育った。このゴリラたちは自分の仲間よりも人間が好きになってしまったのである。ゴリラだけではない。チンパンジーやオランウータンなども世界各地に孤児院ができ、野生復帰が試みられているが、まだほとんど成功した例を聞かない。

これは人間の子どもにもあてはまる話だ。「三つ子の魂百まで」というように、幼いころの経験によってつくられた心は、おとなになっても変わることがない。生まれて初めて出会う人間に身の回りの世話をしてもらい、何もかも頼って暮らした経験が、人間を信頼して生きる心をつくる。逆に、幼いころに虐待を受けたり、裏切られたりした経験は、子どもの心に大きな傷を残す。

絵本には書いてはいけないことがあるという。それは、子どもに食べ物をあたえてくれる人を決して死なせてはいけないというタブーだ。子どもにとって食べ物をあたえてくれる人は、世界をあたえてくれる存在である。その人がいなくなったら子どもの世界は消失してしまう。いわれてみれば、『赤ずきん』も『三匹の子豚』も、食べ物をあたえてくれるお母さんは、いつも陰に隠れて子どもたちを見守っている。食べ物をあたえるという行為は、子どもにとってそれほど神聖で侵すべからざるものなのである。

食物が溢《あふ》れ、たやすく手に入る現代の私たちは、子どもたちに食べさせることをあまりにも軽んじてはいないだろうか。3年間も母乳を吸って育つゴリラに比べ、人間の子どもはわずか2年足らずで離乳してしまう。しかし、離乳したゴリラはすぐに自立して食べはじめるのに対し、人間の子どもは長い間食べ物をあたえられて育つ。食事は単なる栄養補給ではない。子どもたちに安心できる世界を提供し、信頼の芽を育てる大切な機会なのである。

人間にとって野生の心とはなんだろう。それは、仲間とともに未知の領域に分け入って新しいことに挑戦する心であり、おそらく幼児のころに形づくられる。

そのために仲間である人間を信頼し、共通の目標を立てていっしょに歩こうとする気持ちが必要だ。個食が目立つ現代の食事風景を見ると、子どもたちが野生の心を抱けずにいるのではないかと、ふと不安に思う。

人間以外サル真似はできない

人間とはおせっかいな動物だとつくづく思う。相手が困ってもいないのに忠告したり、手をさしのべたりする。相手が気づいていないことをわざわざ伝え、必要以上の物を用意してあたえる。その典型的な行為が教育である。

人間以外の動物は、たとえ相手が自分の子どもであっても教えたり訓練したりすることはめったにない。唯一、教える行為が知られているのは猛禽類や食肉類だ。ミサゴの親鳥はせっかく捕らえた魚をわざわざ放して幼鳥に捕獲させようとする。ライオンの母親は追いつめた獲物を捕らえずに子どもに追跡させる。

でも、人間に近いサルや類人猿にこういった行動は見られない。チンパンジーでわずかに2例だけ報告されているにすぎない。母親が硬いナッツを木の枝を使って割るときに、ゆっくりとその動作をくり返して子どもに確認させたという例と、母親が道具を用いてシロアリを釣り上げていたとき、それをのぞきこんでいた子どもにわざとゆっくり動作を見せた後、釣り棒を残して立ち去ったという例である。いずれも、意図的だったかどうか、確証は難しい。

このことから、獲物を捕らえたり道具を使ったりする技術以外に、動物は教える必要がないことがわかる。人間も霊長類の一種で、もともとは植物が主食である。狩りや道具が必要になるまで、教育とは無縁だったに違いない。しかも人間以外の動物では、親子の間以外に教えるという行為は見られない。それは、何かを教えると自分が損をすることが多いからである。自分が不利益を被ってまで教えようという動機をもつのは、親以外にはありえないのだ。

ではなぜ、人間は親子でもない赤の他人が一生懸命教えようとするのだろうか。それは人間が他者のなかに自分を見ようとする気持ちや、目標をもって歩もうとする性質をもっているからだと思う。そして何よりも、動物の親子のような信頼関係を、見ず知らずの他人との間にもつくることができるからである。

動物たちは教えられなくても必要なことを学ぶ。もって生まれた能力を自分が暮らす環境に合わせて発揮していく。その指針として仲間の行動を参照することがある。でも仲間の行動をすぐにそっくり真似ることはできない。俗にサル真似というが、実はサルに真似はできないのである。

動物たちは仲間の動作に同調する高い能力をもっている。犬がしっぽを振り、サルが毛づくろいをはじめると、すぐに仲間に伝染する。しかし、自分が経験していない新奇な行動に出合ったとき、それを真似る能力は低い。

かつて日本でサルの観察がはじまったころ、「イモ洗い」という文化的な行動が宮崎県の幸島で報告されて話題になったことがある。4歳のメスのニホンザルが砂浜にまかれたサツマイモを波打ち際へ運び、砂を落として食べはじめた。やがて、このメスと遊び仲間の同世代の子どもたちや、血縁関係にある母親や姉妹、叔母たちが同じように海水でイモを洗いはじめた。この伝播のプロセスを調べた日本の霊長類学者は、新しく獲得された行動が遺伝によらずに仲間に伝わっていく仕組みとして、人間の文化に通じる前文化的な行動と見なした。

しかし、この行動が群れ全体に行きわたるまで4年もかかったし、おとなのオスはとうとう覚えることができなかった。人間のように、他者の行動を観察してそれをコピーしたわけではない。目的など部分的に行動を模倣できたものの、行為を完結させるためにはサルたちが自分で試行錯誤しながら学習したのだろうという結論にいたった。

また、チンパンジーは石を用いて硬いナッツを割る道具使用が知られているが、これも子どもたちがいくら熱心に観察しても7歳にならないと習得することができないといわれている。類人猿といえども、簡単に仲間の行為を真似ることはできないのである。

サル真似とは、考えもなしにむやみに他人の動作を真似ることだ。人間はあまりにもそれが上手なので、サルになぞらえて戒めたのだろうと思う。でもサル真似をするためには、相手の心と体に同化しなければならず、その上で動作のつながりと行為の目的を即座に理解する必要がある。そして何よりも、それをしてみたいという強い動機がなければならない。アイドルのしぐさやファッションがすぐに普及するのは、みんなが大きな憧れを抱くからだ。

人間の子どもがゴリラの子どもと違うのは、だれかのようになりたい、未知のことを知りたいという強い欲求をもっていることだ。その望みをかなえるには憧れの人に会うこと、その知識や経験をもつ人に聞くことが一番である。これまで子どもたちはみんなそうしておとなになった。おとなは子どもが知らない知識をもっているからこそ、子どもたちに信頼され、教育することができた。

しかし今、子どもたちは知りたいことを人から学ぶ必要がない。インターネットを開けば、そこには無限の知識と未知の世界が広がっている。人間のもつ知識はすべて情報としてアクセス可能だと子どもたちは思っている。キーワードを入れるだけで、知りたい答えがいつでも得られると考えているのだ。

学びの方法が変われば、教え方も変わらざるを得ない。子どもたちは知識を人に求めてはいないので、知識をあたえるだけでは信頼も尊敬もしてくれない。それでも相変わらず人はおせっかいなので、無理に教えようとして嫌がられてしまう。信頼関係をつくれない教育現場ではトラブルが続出するのだ。

現代は、知識そのものではなく、実践する力や考える力を教える時代であると私は思う。過剰な情報はむしろ人々から想像する力を奪う。人間の身体を使って何ができるか、どんな発想の展開が可能か、それを知るには人と出会い、実践の場に参加しなければならない。サル真似はむしろ学びの基本である。人と関わりをもちながら、他者のなかに自分を見つける楽しさを知ってほしい。そこに新しい時代の信頼と学びの場が開かれるのではないだろうか。

解のないジャングルで学ぶということ

研究者という職業を夢見るな

兵庫県西宮市で開かれた「第2回科学の甲子園全国大会」に参加したことがある。２０１１年度に創設された、科学好きな若い世代を育てる企画で、各都道府県の選考を経て選抜された高校生たちが、科学に関する知識とその活用能力を競う。筆記競技や実験競技にチームで挑み、総合点によって日本一を目指す。その年は愛知県立岡崎高等学校のチームが優勝した。

その際、シンポジウムがあり、私もパネリストのひとりとして意見を述べた。

「一流の科学者に必要なモノとは何か」という恥ずかしくなるようなテーマだったが、それぞれ高校時代のころにもどって自分がたどった道をふり返った。面白いことに、パネリストのだれもが高校のときに描いていた道を歩んではいなかったし、研究者という職業に就くことを夢見ていたわけではなかった。

現代は、多くの高校生が大学へ進学する時代である。大学進学率は55％に達し、現在検討されている高等教育無償化が実現すれば、さらに多くの高校生が大学を目指すはずだ。大学院に進み、博士号をとって研究者の道を歩む若者も増えるだろう。

しかし、高校生たちがもし、研究者という職業に憧れて科学をやろうというなら、それは間違いだと私は思う。科学は職を得るために志すものではないからだ。新しい発見をしたい、未知の世界を見たい、常識を変えたいという気持ちが科学への興味を高めるのであって、科学が職業を約束するわけではない。

成績の優秀な者が一流の科学者になるとは限らない。だれも気がつかなかった現象に目をとめ、答えのまだない質問を立て、愚直にそれを追い求めた末に発見という栄誉に恵まれるのである。失敗をくり返し、なかなか結果が出ずに落ちこみ、自分の能力を疑うこともしばしばある。分野の違う人々の意見をとり入れながら長い試行錯誤を経て、結局何も新しいことを見つけられなかったということもある。

でも、思いがけない発見や出合いをして、「そうだったのか」と未知の扉が開く瞬間に立ち会うこともある。その経験が科学者にとっての至福の報酬である。それがこれまでの常識を塗りかえるような考えにつながればなおさらのことだ。

ひょっとすると、大学入試をゴールとする小中高を通じた受験勉強が、成績重視の競争意識を駆り立てているのかもしれない。出された問題の正解にいかに早くたどりつくかが成績を左右し、その競争に勝つことがいい進路と将来につながるという考えが蔓延している。いい成績は優秀な研究者の道を開き、個人に栄誉をもたらすとの錯覚を生みだしてはいないだろうか。

大学に入ってくると、学生は、これまで経験してきた学問と違うことに大きな戸惑いを覚える。大学では答えのわかっている問題よりも、まだ答えのない課題があることを教える。複数の答えがある問題もあるし、そもそも答えが求められていないこともある。必要なのは、常識にとらわれずに自分の考えをまとめ、それを確固とした根拠をもって説明することだ。

知識を広く正しく習得することだけが求められるのではない。ときには既存の学問世界に挑戦して自分で問いを立て、その答えを出すことが要求される。高校で学習した学問との違いに驚き、自分でどういう学習をしていいかわからずに悩む学生も多い。しかも昨今は、大学に入って友達ができずに悩んでいる学生が少なからずいると聞く。でもそれはおかしい。科学という学問は友達をつくり、自分の思考を磨くものであるはずだ。

私が学んだ京都大学には、「京大生は群れない」という学風がある。これは「集まらない」という意味ではない。京都大学には「対話を根幹とした自由の学風」という伝統もあるからだ。つまり「群れない」とは「他者と安易に迎合しない」という意味であり、対話を通じて他者の意見をよく聞きつつも、自他の意見の相違を自由に展開するという精神なのである。異なる考えを乗り越えてこそ新しい発見を成しとげる道が開けるし、それをともに行った同志ができる。それが健全な学術のあり方であり、科学の進む道なのである。自分の考えを紡ぎ、他者と意見を戦わすことにおいては孤独に耐えなければならないが、ともに新しい世界を切り開くことでは生涯の友である。そういう胸躍る世界を経験してほしいのだ。

科学の知識を生かすというのは、自分を高めて他者との競争に勝ち、多くの報酬を得ることではない。ときには異なる知識や違った能力をもつ人々がチームを組み、役割を分担して目標達成に挑む。その際は、自分が抜きんでることより、それぞれの能力を生かして助け合うことが必要になる。大学を出て企業に入ればチームのなかで働くことが求められるし、実験室で研究をするときもチームでプロジェクトを組むことが多い。一流の国際誌に載る論文は、数十人の共著者が名を連ねることもまれではない。個人の競争ではなく、チームワークがよい結果につながるのである。

日本の若者は国際競争力を高める必要があるといわれている。その意味で「科学の甲子園」はいい試みであると思う。チームで科学力を競う大会だからである。チームのなかで互いの能力や持ち分を生かし、知恵を寄せ合って一つの問題にとり組む。その競争力こそが日本の科学と技術の将来に必要なのだ。

科学は、文化や宗教の壁を越えて常識をつくる。それはこれまで科学の道を志した人々の無数の問いによって更新されてきた。その世界は功名心ではなく、新しい発見と事実にもとづいて未知の扉を開けたいという謙虚な心によって支えられてきた。科学は世界の見方を共有して友をつくり、平和をもたらす大きな力となる。ぜひ、その真の魅力を現代の若者に知ってほしいと思う。

答えのある世界に甘えるべからず

思いがけず第26代京都大学総長を務めることになった。京都大学は自学自習をモットーにし、自由の学風と創造の精神を育む学問の都である。そこで私が最初に掲げた抱負は、大学の主役は学生であるべきだということだった。将来の日本、いや世界を背負って立つ学生がいるからこそ、教員は日々の目的を全うできる。学生だけでなく、ポスドクや職に就いたばかりの若い研究者群を分担して育て、それぞれが活躍できる世界へと送りだすのが大学の使命である。

そのためには、大学は閉じた世界であってはならない。大学は社会へ、そして世界へ通じる窓である。その窓を開け、学生の背中をそっと押して舞台へ上げるのが教員の役目だ。教員たちはそれぞれの分野の最先端で何が行われているかを知っているし、それを担っている人も多い。あるいはこれから世界に登場しようとしている人もいる。それらの教員の活動ぶりや考え方に直接ふれて学び、彼らが用意した窓を通じて新しい世界をながめることができるのが大学の大きな魅力なのである。

小中高の教育と大学教育の違いはここにある。高校までは既存の正しい知識をいかに習得するかが課題となる。そのため、教科書は厳密に検定を受け、記載内容に不備がないかどうかを審査される。しかし、大学教育では教員自らが教科書を用意したり、参考書だけで講義をしたりすることも多い。検定制度はない。それは、個々の教員が自分の専門分野について自分の考えを述べることが許されているからであり、それぞれの専門について深い知識をもつという自負と誇りをもっているからだ。

大学で学生たちは本物の学問に出合う。それはいまだ解のない世界であり、先人たちが未知の解を求めて苦闘した歴史である。そこで学生たちは学問の面白さや可能性、世界にある問題を知り、自分の能力が何に向いているかを理解していく。それに気がつくのは自分であるが、その助けとなるのは仲間であり教員である。そのためにこそ、大学は世間の常識にとらわれない自由な発想が許される場でなければならないのだ。

昨今の大学は、競争的な環境づくりが奨励され、学生たちがその条件に合わせて個人の能力を高めようとしている気がする。しかし、大学とは多様な能力が開花する場であり、一律的な評価基準を学生に向けてはならないと私は思う。個人の能力を高めることは奨励すべきだが、それだけでは解決できない課題が多い。ノーベル賞を受賞した山中伸弥さんが常に「チームワークの勝利」と語るのは、多くの表に出ない人々の助けがあってｉＰＳ細胞（人工多能性幹細胞）の発見に行きついたことをよく知っているからだ。それは同じ目標へ向かって、それぞれ違う能力を結集した成果である。

たくさんの知識や技術を習得したからといって高い能力が育つわけではない。自分で課題を見つけ、その解決へ向けて活躍できる自分を見つけたとき、その能力は飛躍的にのびる。そのとき、それまで蓄積してきた思わぬ知識が役に立つかもしれないし、仲間の常識外れの発想がブレイクスルーにつながるかもしれない。学問に国境はない。これが将来日本を、世界を救うかもしれない。今、さまざまな学問分野で国際的なネットワークが構築され、世界が抱えている問題についてシンポジウムやワークショップが開かれている。地球規模の環境問題や、各地で起きている民族衝突、医療技術、食料生産などがそのいい例である。多くの企業はすでに国境を越えてさまざまな事業を展開している。日本の国益だけを考えていては新しい道は開かれない。学生のうちからこういった問題に接し、国際会議でどのような議論が戦わされているか、できるだけ現場で学べるようにしたいと思う。

現代の学生にとって、大学は単に知識を学ぶ場所ではない。インターネットを開けば、膨大な知識にすぐに接することができるからだ。大学とは、教員個人の考え方を通じて、世界の解釈の方法や、知識や技術を実践に移す方法を学ぶ場所である。そのために、教員は学生にとってもっと魅力的な存在になる必要があると私は思う。

大学をフィールドワークする

私が総長に就任してしばらくたったころ、京大野帳を発売することになった。学生たちが中心になって進めてきた「新しい総長グッズを作ろう！プロジェクト」で提案され、完成にいたった商品である。実はこの野帳には私の思いがこめられている。

野帳を開くと、扉のページにある「大学はジャングルだ」という言葉が目に飛びこんでくる。それは、私が大学に対してもつ印象である。私が長年調査してきたゴリラはアフリカ中央部の熱帯雨林、すなわちジャングルにすんでいる。ジャングルは地球の陸上生態系で最も生物多様性のある場所であり、赤道直下の豊富な太陽光と雨量によって支えられている。多様な生物が独自のニッチ（生態的地位）をもってひしめき合い、常に新しい種やニッチを生みだしながら安定を保っている。

大学もジャングルと多くの点で似ている。多様な学問分野に研究者や学生たちがそれぞれの動機や熱意をもって集う。分野の枠を超えて切磋琢磨することによって、常に新しい考えや技術が生まれている。そして、大学には活動を保証する資金とそれを支える社会が必要である。ジャングルも大学も決して閉じた系ではなく、常にそこを出入りする個体を通して外の世界とつながる。その動態が、地球全体の共生系を支える大きな原動力になるのだ。

しかし、ジャングルや大学の構成員は、そこがどんなに多様な世界であるかをよく知っているわけではない。自分の専門領域とその周辺は熟知しているが、他にどのような営みが自分の近くで行われているかをあまり知らない。外からの働きかけや偶然の機会によって、思いがけない出合いがあり、その際に世界の奥行きや広がりを知ることになる。そして、それをきっかけにして新しい組み合わせが生じ、創造的な試みが企てられるのだ。

大学を卒業した人たちの多くは、自分が在学時代に大学の施設や中身をよく知らずに、じゅうぶんに利用しないまま出てしまったと後悔しているのではないだろうか。私もそのひとりである。大学を出て外からながめ、ああ、こんなに面白いことがつまっているのだと思いなおしたことが何度もある。それはとてももったいないことのように思えるのだ。

昨今の「人文社会学系の学部の廃止や統合を」という文部科学省の要請や、「社会ですぐに役立つ人材の養成を」という産業界の要請は、大学のもつ多様性とその重要性への誤解から生じている。また一方で、それは大学が多様性を生かし切らず、その成果を社会へ発信する努力を怠ってきたことにもよると私は思う。だから、研究者も学生もこの京大野帳を片手に大学構内を探検し、どこにどんな魅力的なものがあるかを知ろうと呼びかけたのである。もちろん大学の行事や講義はホームページや各部局の案内で知ることができる。しかし、フィールドワークは実際にそれを見て体験するところからはじまる。できれば自分の疑問や発想を互いに交わし合って、新しい考えを共有しよう。

ジャングルの魅力はその歴史性にある。今あるものは、今とは違ったものや組み合わせから生じてきたからである。大学も同じだ。学問を理系・文系と分けてその成果を比べるより、それらの学問が交流するなかで何を生みだしてきたかに着目しなければ、未来への道は開かれない。新しい技術は人類の可能性を広げる。

しかし、その可能性を吟味し、社会で実装するのは、大学がもつ多様な知識の蓄積とその裾野が支える学問の総合力なのである。

新しくつくった総長グッズは他にもある。「京大×聖護院八ツ橋」は、京大のキャンパスや京大生の日常生活の〝あるあるネタ〟を八ツ橋に印字してある。開けて食べるまでこれは秘密になっている。グッズを考案した学生諸君のフィールドワークの成果である。本家聖護院にはいくつか八ツ橋の名前の由来があるが、私の勝手な思いは「体験したさまざまな現象の間にいくつもの橋をかけて味わおう」ということだ。

もう一つは「総長カレー」で、元総長の尾池和夫さんが発案したものだ。今までにビーフカレー、ステーキカレー、ジビエの鹿肉カレーが京大生協で発売されている。新製品をということで、生協の学生部員から「ブルーシーフード」のカレーはどうだろうという相談があった。ブルーシーフードとは、サバ、イワシ、カツオ、ホタテ、ムール貝など、豊富で絶滅のおそれのない魚介類のことで、これらを積極的に食材にすることによって持続的な海の資源の維持に貢献することができる。私は、アフリカの海岸で食べたココナッツミルクで煮た魚がおいしかったことを思いだし、ココナッツカレーにすることを提案した。カレーを海に見立て、ブロッコリーの島を配したらどうだろう。さらに、せっかく海資源の保全を目指しているのだから、それにまつわるクイズなどを添えたら、食べながら知識を得られる学習効果もあるのではと言ったら、それは面白いということで採用された。

今は、新製品としてココナッツをベースにしたブルーシーフードカレーが食べられる。ぜひ、試食して海の世界に思いをはせてほしい。

未来を生みだすアートなサイエンス

サイエンスもイノベーションもオープンに

京都大学で「学生チャレンジコンテスト」という試みを開始した。学生たちがそれぞれ魅力的な教育研究活動、課外活動、社会貢献活動を企画し、その構想を競う。「おもろい提案」として選ばれた活動をウェブ上で公開し、クラウドファンディングで一般に寄付を呼びかける。そして、活動の進行状況や成果をさまざまな形で公開するのだ。

これまで学生たちが活動資金を集めるためには、綿密な計画書を基金や財団に提出し、専門家たちによる審査を経て一定額の助成を受けるのが一般的だった。助成を受けた学生は承認された期間に成果を出し、それを報告する。これは、大学院に入って専門的な研究活動に参加する場合でも同様で、研究者の活動の基本的な枠組みである。研究成果はその分野の専門家によって査読されて正しく学術的に位置づけられ、そのオリジナリティーがきちんと確保される仕組みになっている。

しかし、これらの研究成果はともすると専門家だけに共有されてしまい、一般社会に普及しない傾向がある。国際的な学術雑誌に載ってもほとんどが英語で、しかも研究のエッセンスだけが要約されていて生のデータは公開されない。目覚ましい成果は新聞やテレビ等で報道されるが、その具体的な内容を理解するのは容易なことではない。とりわけ日本では、この20年ほどの間にサイエンスを扱う一般向けのジャーナルが著しく減ってしまった。一般の人々が現在実施されている研究活動の実態に接する機会はほとんどない。

また研究者も、評価の高い国際誌に掲載されるために英語で論文を書くことに熱中し、日本語で成果を公表することにあまり関心を高めなかった。とくに自然科学系の研究者には、本を出版することや一般誌に文章を書いたりすることは業績として評価されないという意識が強い。そのため、一部の専門家コミュニティーだけに認められることを優先し、自分の研究を社会にわかりやすく説明する努力を怠るようになった。こうした現状こそが、科学の発展に関する理解と関心を阻害し、高等教育や科学研究費にかける政府の予算を低迷させている原因ではないかと思われるのである。

学生チャレンジコンテストは、その評価と助成を一般社会に委ねる仕組みになっている。むろん、基本的なコンセプトについては教員で構成される選考委員会の審査を経るが、それぞれのテーマがどのような支持を得るかは最終的に一般の人々の投資によって測られる。そして、その活動を公開することが義務づけられ、だれもがその進行状況を知ることができる。科学的に価値の高いことだけが選ばれる理由ではない。人々の興味をひき、支援したいと思わせることがその扉を開くのだ。

この試みは学生たちの起業家精神を育成することにも役立つと思う。オープンサイエンスの動きが加速し、欧米では学生が自分たちのアイデアによって次々に事業を起こしはじめている。これは、情報機器が発達してデータをウェブ上で共有し、それを多くの人々が分析したり討論したりしながら課題や解決を求めていく方法で、日本でも普及しつつある。研究の結果やそのエッセンスだけを公開するのではなく、生のデータを公開し、広く使ってもらおうというのだ。学生のうちから自分の新しいアイデアを世に問い、その実現過程を公開しながら、社会の意見に耳を傾ける。そこから、どのようなアイデアや事業が成功するかを推し量る能力が育つだろう。

オープンイノベーションの試みも普及しはじめている。複数の企業どうしや、企業と大学との間でデータやアイデアを出し合い、ともに議論しながら製品開発を実施していく動きである。だが、やはり企業は自社の利益を優先するため、最新のデータやアイデアの共有を渋る傾向があると聞く。そこは大学が大きく門戸を開くべきである。

大学の研究は公開が原則である。そのため、これまで企業との共同研究があまり進まなかった。しかし、むしろその立場を利点として、多くの企業が参入してデータを共有し、イノベーションを多発させるような場を大学がつくるべきであろう。そのためにも、常識を超えるような発想をもつチャレンジングな学生を巻きこむことが必要だと思う。

型破りの発想か、サイエンスへのこだわりか

数年前に、NHKの番組で、すイエんサーガールズと京大生が対決したことがある。『すイエんサー』とは、面白い科学の問題を中高生中心の女子タレントたちが解く番組だ。そのときは、すイガールと京大理学部の1〜4年の学生がそれぞれ4人のチームをつくり、京大の物理の先生が出した問題を解くことを競った。理学部長だった私は挑戦状の送り主として参加した。

あたえられた課題は、A4用紙1枚とはさみを使って何かをつくり、5メートルの高さから落として時間のかかるほうが勝ち、というものだった。1時間で完成品を一つつくり、各チーム4回の試技を行って落ちる時間を競う。すイガールには一つだけヒントと予備の試技があたえられる。対戦は、ノーベル物理学賞受

賞者の益川敏英さんを記念して建てられた益川ホールで行われた。

結果は京大チームの惨敗。京大チームがつくったのは小さなプロペラがついた筒状の物体で、くるくる回りながら落ちてくる。空気の抵抗をなるべく大きくして落ちる時間を稼ごうという工夫だ。対するすイガールは、何も手を加えないA4の紙をそのまま広げて水平にして落とした。紙は横に振れながら一瞬上にもち上がって静止する。この効果を予測できたのが、すイガールたちの卓見だった。もちろん初めからこのことに気がついたわけではない。実にあきれるほど意見を交わし、試行錯誤をくり返して行きついた結論だから、すばらしいと私は思う。

さて、面白かったのは第2戦だった。今度はA4の紙を5枚用いて工作物をつくり、同じように落ちる時間を競う。京大生がつくったのは大きな紙飛行機だった。ホールの2階からゆっくりと弧を描いて飛べば、かなりの時間を稼げると予測したのだ。3回の試技は途中で墜落、最後の試技で思うように飛ばすことができた。しかし、今度も京大生は勝つことができなかった。すイガールは、またしても5枚の紙を張り合わせて長方形の大きな紙をつくり、それを水平に落とすという戦略に出たのだ。さすがに、今度は紙が折れまがり、弧を描かずに落下した。

しかし、うまく弧を描くケースもあり、紙飛行機よりはるかに長い時間を稼ぐことができたのである。

講評で、私はすイガールのまとまる力、勝利への意欲、こだわりを捨てるいさぎよさが、京大生に勝っていたことをたたえた。京大生の敗因は、サイエンスへのこだわりをもっていたからだと私は思う。彼らは1枚の紙が描く軌跡にうすうす気がついてはいたのだが、全く何も手を加えずに勝負することに大きなためらいを覚えたのだ。2回目はさらに、その原理を知ってしまったがゆえに、相手の用いた方法を採用することができなかった。別の方法で勝たなければ自分たちのプライドが許さなかったのである。負け惜しみではなく、私はその態度をとてもうれしく思う。

科学の力には二つの側面がある。あたえられた課題に対して、限られた時間内によりよい解答を見つける。これは現代の社会が必要とし、常に競争の渦中にある企業が求めている能力だ。もう一つは、思わぬ発想で常識をひっくり返し新しい理論や世界観をつくる能力だ。これには、時間は制限要因にならない。一生のうちに、そういった機会にめぐり合い、その能力を一度でも示すことができればい。コペルニクスも、ガリレオも、ニュートンも、そして益川さんも、そういう幸運に恵まれた科学者だ。でもその大発見を成しとげるまでに、気の遠くなるような思考実験があったはずである。それは決してあたえられた問いから生まれたわけではないし、競争によって得られたわけでもない。まだ先人の気づかない真実を探し求めたいという野心をもち続けたことが、その大発見を生みだしたのである。

昨今、チームワークに優れた、即戦力として働ける人材を育てることが大学に求められている。すイガールたちの勝利は、その能力が大学とは違う世界で鍛えられることを示唆している。しかし、もう一つの能力も私たちの社会にブレイクスルーをもたらすために必要であることを忘れてはいけない。今の科学技術を100年前のだれが予想しただろうか。真の科学の力とは勝つ能力ではない。二つの能力を組み合わせることが夢ある未来をつくるのだと思う。

ゴリラの目で垣根を越える

２０１５年に、「京大おもろトーク：アートな京大を目指して」というイベントを開催した。大蔵流狂言師の茂山千三郎さん、メディアアートの土佐尚子さん、そしてゴリラを研究してきた私が、「垣根を越えてみまひょか？」というお題で鼎談《ていだん》をした。とても面白かったので、その様子を書き残しておこうと思う。

私にとって「垣根を越える」とは、野生のゴリラの行動をつぶさに記録するために、ゴリラの群れのなかに入ってゴリラのように行動することである。最初はゴリラに嫌がられて、逃げられたり、攻撃されたりするが、やがて関心をもたれなくなる。それがいわば、ゴリラになったと認められた状態で、垣根を越えたことになる。そうすると、人間が変わった生き物に思えてきて、人間にはない発想が頭に浮かぶ。たとえば、緑の新葉がおいしそうに見えたり、枝ぶりのいい木を見ると樹上にベッドをつくってみたくなったりする。それはアートの発想につながるのではないか。そもそもの起源をたどると、何かに憑依《ひょうい》して、その心になって世界を見つめなおすところから、アートははじまったのではないかと思うのだ。千三郎さんは、猿楽ならぬゴリラ楽という創作狂言をつくった。ゴリラは腕が脚より長いから、腕をまっすぐ地面に立てれば、上半身が起きて威風堂々とした姿勢になる。でも、人間は腕が短いので、この姿勢をとろうとしたら中腰で思い切り背を反らさねばならない。これは結構きつい。しかし、千三郎さんはゴリラの姿勢は狂言の基本的な構えに近いと言う。それなら狂言をすることですでにゴリラの垣根を越えているのではないかと思うのだが、狂言の垣根は別に存在する。それは「離見の見」、すなわち離れたところから自分をもう一度見るということだそうだ。客席に立った目で自分をもう一度見ることによって、冷静な表現を磨くことなのである。なるほど、その目がなければアートは成立しない。

土佐さんは琳派《りんぱ》４００年記念の催しでプロジェクトマッピングを制作し、絵具に高速の振動をあたえて撮影する現代技術を使って、京都国立博物館の壁面に風神雷神伝説を光の芸術としてよみがえらせた。これは昔の呪術のようなもので、ふだんわれわれがもっている合理性を解き放って生命力を発散し、共有する場をつくることだという。土佐さんにとっての垣根は合理性と非合理性の境界で、それを越えることが先端技術と芸術の融合によって文化を継承することに結晶する。琳派のように伝統が守られているのは新しい時代の技術でそれを変えていくからだ、というのが土佐さんの意見だ。それには千三郎さんも同意した。

そこに、オリジナリティーというアートにとって大事な精神が潜んでいる。アートは複製を嫌う。だれもが他人の発想や考えに学ぶが、それをただ真似ることはご法度だ。何か独自なものを加えて新しくしなければ、自分の作品とはいえない。

それはサイエンスの世界でも同じである。今までに知られていない物やオリジナルな考えであるからこそ発見として認められるのだ。ただ、サイエンスは何度もくり返してみてそれがだれにとっても真実であることを追試する必要がある。新しい常識となるエビデンスを最初に提示することが、発見の必要条件になるのである。

アートとサイエンスには、他者とは違う発想によって自分の世界観や解釈を表現したいという共通の心が息づいている。どちらも見えている世界をデフォルメしたり、見えないものを形にしたりすることによって表現される。また、アートもサイエンスもその作品や発想が製品化されるときには、大量の複製が生産される。違うのは、サイエンスがすべての人に同じ解釈を要請するのに対し、アートは多様な解釈を許容するということだ。それは人間が他者と交わす、二つの異なるコミュニケーションを反映している。

現代のイノベーションは、この二つのコミュニケーションを組み合わせることによって創出できると私は思う。技術を偏重する傾向の強い昨今、アートの心で垣根を越え、新しい常識を生みだすサイエンスが求められている。現代の大学にはアートの発想がもっと必要なのではないだろうか。

この京大おもろトークはその後、歴史上の人物や絵画のなかの人物に成りすますセルフポートレートで有名な森村泰昌さん、火薬を使ったアートで知られる蔡《さい》國強《こっきょう》さん、新政府樹立を提唱する異色の作家にして建築家、アーティストの坂口恭平さんなどをお呼びして盛り上がり、7回で幕を閉じた。この1年は「京大変人講座」を開講して、京大の自称、他称の変人教員と越前《えちぜん》屋俵太《ひょうた》さんにかけ合いをしてもらった。発想の「おもろさ」や、次元の違う世界を存分に体験できたと思う。

人間を超えた談論風発

総長として初めて卒業式で式辞を述べたとき、私は対話の重要性を話題にした。京都大学は対話を根幹とした自由の学風を伝統としている。さて、卒業生諸君はそれをじゅうぶんに体験して世に出ていくのかと問うたのである。

私が大学に入学した1970年は、まだ学生たちがキャンパス内を占拠し、授業もボイコットされたり中止になったりしたが、教員と学生との対話は今よりも頻繁だった。学生たちも自主ゼミを開いて、自らテーマを掲げて必要な文献をもち寄り、議論を交わしていた。戦前の記録を見ても、現在の京都大学総合博物館の前身である陳列館の地下室に、「和服に下駄でやってくる教官たちが必ず立ち寄り、そこで談論風発、学問上の諸問題からゴシップの類まで、学生も交えてにぎやかで豊かな時間があった」とある。

ところで、談論風発とはいったいどんな様子を指しているのか。私は、明治時代にジャン＝ジャック・ルソーの思想を日本に紹介し、自由民権運動を展開した中江兆民の著作を引用した。

1887年に出した『三酔人経綸問答』には、3人の論者が登場し、酒を酌み交わしながら日本の国際戦略を論じる。一人は洋学紳士と呼ばれる西洋の近代思想を擁護する論客。もう一人はかすりの和服を着た豪傑君と呼ばれる壮士。そして、お酒の大好きな南海先生である。

洋学紳士はルソーさながらに自由・平等・博愛の三原則の確立を説き、軍備の撤廃を主張する。人間は四海同胞たるもの、万一強国に侵略されても、道義をもって訴えれば他の列強が放置するはずはないと言うのだ。

いいや、それは学者の書斎の議論である、と豪傑君は反論する。現実の世界は弱肉強食、国家間の戦争は避けることができない。侵略を甘受せずに軍備を整えて大陸の大国に立ち向かうべしと主張する。

南海先生はその2人の間に割って入る。双方の説は極端で机上の空論や過去のまぼろしにすぎない。国内においては立憲の制度を設けて人民の権利を守り、世界に対しては各国の民主勢力と連携を図り、武力をふるってはならないと説く。

洋学紳士も豪傑君も南海先生の議論の平凡さにあきれ返るのだが、南海先生は国家百年の大計を議論するのに奇抜な発想などできるはずがないと言って頑として譲らない。この三酔人はそれぞれ中江兆民の分身と思われるのだが、兆民は三人問答の形式をとって議論の向かうべき道を示したといってよいだろう。

この論議は、今の日本の情勢に似ていなくもない。だが、現代の日本社会は果たして談論風発といえるだろうか。洋学紳士や豪傑君のように極論する人はいるが、南海先生のように議論に割って入る人は現れず、互いに自説を曲げずに相手の議論の不備をののしり合うだけのように見える。

実は、京都大学にもこの問答形式を採用して論を展開した先駆者がいる。霊長類学という新しい学問を創った今西錦司である。1952年に発表した『人間性の進化』という著作に、進化論者、人間、サル、ハチを登場させ、文化よりもっと広いカルチュアという概念について、それぞれの立場から論じたのである。

本能によって生活している動物は、その行動の目的を知らないが、カルチュアによって生活している人間は、いちいちその行動の目的を知っているところに違いがある、と進化論者が問いかける。するとサルは、「チンパンジーは天井から吊り下げられたバナナをとるために箱を積み重ねるのだから、目的をわかって行動している」と反論する。これに対して人間は、「目的ではなく、ゴールに到達しようとして行動するのが人間だ」と言い返す。ハチは、「カリウドバチが獲物を穴倉の巣にしまいこんで卵を産みつけるのは、幼虫とその食物の安全さを確保するために予想して行動したように見えるが、これは本能であってカルチュアとはいえない」と主張する。

今西は人間を超えた談論風発を演じて、人間中心的な思考を正そうとしたのである。卒業生諸君に私は、複数の人の意見を踏まえ、直面している課題に最終的に自分の判断を下して立ち向かってほしいと述べた。自分を支持してくれる人の意見ばかり聞いていれば、やがては裸の王様になって判断が鈍る。ぜひ、談論風発を駆使して傾聴できる議論を展開していってほしいものである。

日本の「おもろい」を世界標準にする方法

ガボンの青年が見た日本

最近、京都大学を卒業したアフリカからの元留学生たちが「京大アフリカ同窓会」を設立した。その集いがエチオピアの首都アジスアベバであり、本国で活躍している同窓生たちと楽しく語り合った。その際、ガボン共和国出身で、私の研究室に所属して博士の学位をとり帰国した留学生と再会した。彼は今、自分の国の研究機関で、生物多様性の保全研究にとり組んでいる。改めて日本で暮らした印象を聞くと、古都で安全な暮らしを満喫したと同時に学位をとることが予想外に大変だったと話してくれた。

彼は２００９年にはじまった科学技術振興機構（ＪＳＴ）と国際協力機構（ＪＩＣＡ）の地球規模課題対応国際科学技術協力プログラム（ＳＡＴＲＥＰＳ）の一環として、わが大学の博士課程に留学した。森林性カモシカ類の分布と遺伝的構造に影響をあたえる地形的要因が学位論文のテーマだった。

この研究テーマの大枠は、彼が日本に来る前に現地の保護区で実地調査をしながら決めた。当時研究室の助教だった井上英治さんやポスドクの中島啓裕さんがいろいろと助言をあたえてくれた。だが、細かなテーマや研究方法は、日本で手とり足とり教えてもらえると思っていたらしい。日本へ来て私の研究室へ入り、ゼミで研究計画を発表したとき、大いに面食らったという。あちこちから「なぜ、そのテーマを選んだの？」「その研究をしていったい何を知りたいの？」「その研究は将来どういった新しい視点や活動につながるの？」といった質問が矢継ぎ早に浴びせられたからである。彼は指導教員の私たちをちらちら見たそうだが、積極的な反応がなかったので、これは自分で答えねばならぬと覚悟を決めたそうだ。

それから彼の苦闘がはじまった。何をやるにも自分で考えて計画を組み立てねばならない。研究室の仲間から助言は得られるものの、必ず「その方法で知りたいことはなんなの？」という質問が発せられる。実際にデータをとって分析すれば、データの採取法や分析方法に異議が出されたり、結果の解釈の仕方や先行研究との比較に疑義が生じたりする。それをいちいち自分で検証し答えていかねばならない。何度もノイローゼになりそうになったと打ち明けてくれた。

しかし、それは彼に限ったことではない。同じ研究室で学ぶ日本人の学生も、テーマは違うものの厳しい質問の嵐に立ち向かう。甘えや同情は通用しない。日ごろ親しくつき合う仲でも、研究者としては手厳しいコメントが寄せられる。それらに自分のデータと考えでじゅうぶんに答えられるようになって初めて、論文の執筆にとりかかることができるのだ。学位論文ははじめから終わりまですべて自分で責任をもたねばならない、というのが私の研究室の方針だった。彼はこのテーマで3本の論文を書いたが、最初の計画とはずいぶん違う内容になった。学位論文の公聴会を終えたときの、彼のほっとした表情とはじけたような笑い顔が忘れられない。

今、彼は自国でかつての自分と同じように生物多様性の保全研究を志す学生を教えている。教える立場に立って初めて、自分が考えに考えぬいた経験が貴重だったことに気がついたという。日本で仲間たちが自分に発した質問を頭に浮かべ、いろんな方向からその現象を問いなおしてみると、未解明の興味深いテーマが次々に浮かんでくるからだ。それを彼は、自分が受けた通りのやり方で学生たちに問いかけている。

すばらしいことだ。私は彼が技術や知識だけでなく、自分で問いかけ、答える力を身につけてくれたことをとても誇りに思う。日本の大学院教育は世界に誇る内容をもっている。それをもっと海外の、とりわけ発展途上国の学生たちに提供できないだろうか。

近年、国費留学生の枠を広げてずいぶん海外から日本へ学びにやってくる学生が増えた。しかし、気がかりなのは学位を取得した後の支援である。せっかく日本で質の高い教育を受けても、それを自国や国際舞台で生かす機会が乏しい。ガボンの学生は研究職に就いていたから復帰できたが、多くの留学生は帰国後の職探しに四苦八苦している。そういった学生たちに活躍する機会をあたえ、日本で習得した学問を生かしてもらうことこそ効果的な学術外交につながるのではないだろうか。

ガボンにも近隣のアフリカ諸国にも日本で学位をとった若者たちが少なからずいる。彼らは互いに連絡をとっていっしょに活動することを願っている。今回の京大アフリカ同窓会の発足は、その意識の表れでもあるだろう。彼らが手をとり合って新しい未来を築くことを、ぜひ後押ししてほしいと思う。

街を丸ごとキャンパスにすべし

毎年秋に京都で「科学技術と人類の未来に関する国際フォーラム」が開かれている。約１００カ国の科学者、企業のトップ、政府関係者ら１０００人ほどが集まって、世界共通の課題や解決策について話し合う。多くの大学から学長が参加して、大学の抱える問題や役割について議論が行われる。私も参加し、大学の国際化と流動性について意見を述べた。

日本に限らず、世界のトップクラスの大学はどこでも国際的な評判を気にしている。大学のランキングを左右するのは、その大学に所属する研究者の論文数やそれらの論文の引用率だ。今は英語が主流だから英文の学術誌に論文が掲載されねばならない。英語を母国語としない国の大学にとってこれは悩ましい。自国の歴史や文化はどうしても母国語で教え、研究し、公表する必要があるからだ。

また、教員や学生の流動性も対象になる。教員が何十年も所属を変えず、学生に分野や進路について狭い選択肢しかあたえられない状況だと評価が低い。とくに国際化は喫緊の課題だ。海外には外国人教員率が50％を超えている大学が相当数ある。イギリスのある大学は最近中国に連携大学をつくり、中国の学部教育の2年間をイギリスで行うことを可能にした。毎年2000人の中国人学生を受け入れているという。カナダの大学でも、フランスの大学と学部2年間の留学協定を締結している。単位の互換性を条件に、どちらの大学で単位をとっても卒業に必要な単位として認められるジョイント・ディグリーやダブル・ディグリー制度を適用しているのだ。

京都大学でも大学院の授業やセミナーの英語化、外国人教員率は近年急速に上昇したが、学部学生の国際化はまだじゅうぶんではない。受け入れる外国人学生、海外に留学する日本人学生の数を増やしていかねばならない。

しかし、これは大学だけの力ではできない。今回、さまざまな大学から日本に学生を送るメリットが明確でないという話を聞いた。もちろん、日本の高い科学技術や知識は海外の学生にとって大きな魅力だ。だが、学生はその先を考える。せっかく高い技術を習得して学位をとっても、日本の企業になかなか就職できない。日本の大学で学んでも自国の企業が優先的に採用してくれるわけではない。日本でも自国でも活躍できる機会が閉ざされているというジレンマがある。

文部科学省は、産業界の出資による「トビタテ！留学ＪＡＰＡＮ」を設置して日本人学生の留学を支援し、海外の大学と共同して授業科目を設ける国際連携教育課程の実施へ向かって動きだしている。これは大学の国際化を進める上でいい追い風になると思う。しかし、企業が本腰を入れて外国人学生を受け入れてくれなければ、海外から日本へ来ようとする留学生のモチベーションは上がらないし、日本の学生の留学意欲も高められない。

大学の国際化を促進するためには、海外から優秀な教員を採用しなければならないが、そこにも困難な課題がある。欧米のトップレベルの大学の教員の給料は日本の国立大学の2倍近い。運営費交付金が毎年削減されるなか、海外の優秀な教員を採用すれば、いきおい教員数を減らさざるを得ない。講義数が減り、学問の多様性が確保できなくなる。これはとくに人文社会学の分野において教育の質の低下につながる。学生の英語能力は向上しても、厚みと幅のある教養、基礎教育を提供できなくなるからだ。

それに、海外から家族を連れてやってくる教員は大きな壁にぶつかる。配偶者が働く場所はないし、子どもたちが通うインターナショナルスクールも近くにない。欧米では夫婦をいっしょに雇う大学も多いが、日本ではそういう体制がまだできていない。

つまり、大学を国際化するためには、産業界や地域が外国の教員や学生を温かく受け入れる環境が不可欠なのだ。幸い、世界一の観光都市である京都は、海外からの訪問客を受け入れる条件がそろっている。京都の伝統的な施設を国際交流の場として活用しつつ、学生のみならず地域の国際化、活性化を図る。これは観光振興にも利するはずだ。いわば、京都をまるごと大学キャンパスにする試みを推進しながら、海外とのアカデミックな交流を高めようと今、私は考えている。

カミカゼ以外の日本を発信するには

私は、ＭＯＯＣという「インターネット上でだれもが無料で受講できる大規模な開かれた講義」を担当して配信している。総合大学の総長がＭＯＯＣで講義をするのは世界でも初の試みだという。講義は英語でやる。今のところ世界で最も多くの国が理解できる言語といえば、英語かスペイン語かフランス語だろう。このうち私がなんとか使える英語を選んだというわけだ。

ＭＯＯＣの普及に関しては、非英語圏で反対の声もある。英語化を図るアメリカの国際戦略の一つだというのだ。確かにアメリカは盛んに他国に大学を創設し、あるいはアメリカの大学のキャンパスをつくり、英語の授業を推進している。英語を通じてアメリカの文化や思想を普及させ、アメリカ寄りの知識人を増やそうとしているのかもしれない。また、他国から高い授業料をはらってアメリカに留学してくる学生を増やし、私立の多い大学の経営を安定化させようという意図もあるだろう。

また、MOOCはインターネット用につくられており、いつでもどこでも受講することができるし、集中力を切らさないため、15分程度に短く切ってある。こういった受講者任せの講義で、果たして双方向の考えさせる講義ができるだろうかという心配もある。もとより私は講義のインターネット化には反対で、大学の講義は対話形式でじっくり時間をかけてやるべきだという持論がある。大学は知識だけではなく、考え方や実践方法を学ぶ場所だからだ。

にもかかわらず、自分でMOOCをやることにしたのは、私が学んできた学問を世界に発信する必要性を強く感じたからである。霊長類学、すなわちサルや類人猿の観察を通して人間を知るという学問は、京都大学が発祥である。欧米には野生の霊長類が生息していない。動物と人間を連続的に捉える見方が、キリスト教圏では育ちにくかったという背景もある。しかも、日本の霊長類学はすべての生物に社会があるという、欧米の思想ではとても受け入れられない考え方をもとにしてはじまったのである。その創始者である今西錦司の「環境はその生物が認識し、同化した世界であり（環境の主体化）、生物は身体のなかに環境を担いこんでいる（主体の環境化）」などという言葉は難解で、いったいどう訳したらいいいのかと悩む。

しかし、今西の「すみわけ」という言葉は日本社会に広く普及し、自然現象ばかりか社会現象にまで応用されている。もともと、加茂川の流れの速さに応じて数種類のヒラタカゲロウが生息場所を分けている現象から発想した概念だ。企業間の共存に同じ言葉が使われるのはおかしい。しかし、日本には「本歌取り」という伝統があり、うまい表現を応用していく技法がよく使われる。「進化」や「共生」という生物学の用語が生物以外の現象にあてはめられるのと同じだ。霊長類学は日本の文化のなかにしっかりと根づいているのである。

それならば、日本の霊長類学の考え方を海外の言語に翻訳して世界に伝えることは、日本の文化や考え方を普及させることにつながるはずだ。霊長類学ばかりではない。西田哲学の無私の思想など、とても外国語に翻訳できそうにない。日本国憲法だってそうだ。条文に書かれた日本語の意味とその奥行きを読みとるためには、外国語では不可能な部分もあるだろう。

しかし、それをあえて外国語で発信することで、日本の文化と思想の入り口を示すことになる。ＭＯＯＣをきっかけにして日本の考え方に世界の人々が関心をもってくれればいい。考えてみれば、ギリシャ哲学だって、フランス社会学だって、私たちは日本語に訳して理解している。本当はその考えの底まで日本語では理解が及ばないのかもしれない。でも、それらの思想は世界に流通し、多くの言語に訳され、言語の壁を越えて私たちの知の遺産となっている。

アフリカを歩いてみて、私は日本がまだカミカゼ、空手、科学技術といった表面的な言葉で語られる国にすぎないことを知った。日本の思想や文化はまだ世界に理解されてはいない。今の日本に必要な国際化とは、外国語を駆使できる国際人を育成することだけではなく、日本の文化や考え方の国際理解を図ることではないだろうか。大学はその主要な舞台になるべきである。

京都を新文明誕生の地に

総長になって間もないころに、イギリスのロンドンとドイツのハイデルベルクを訪問した。京都大学とつながりの深い大学の学長たちと共同研究や学生交流について話し合うのが目的だった。どこの大学も熱心に国際化にとり組んでおり、多くの企業と共同研究を実施し、地元と密接な連携をしているのが印象的だった。

たとえば、ハイデルベルク大学の学生と教職員の数は、ハイデルベルク市の人口約14万人の約3割を占める。市のいたるところに大学の施設があり、学生や教員らしき風情の人々が闊歩《かっぽ》している。市街から少し離れた丘の上に新しい医学や工学の研究施設が建設中で、そばにモダンな学生寮が建ちならんでいた。子ども専用の病院も設けられていた。学生食堂でランチを食べたが、支払い方法がいっぷう変わっていた。肉も魚も野菜もフルーツもみんなまとめて重さを量り、その重さに応じて料金をはらう。この方法は人件費の節約に一役買っているという。合理的思考の好きなドイツ人らしい。

驚いたことに、ハイデルベルクには「哲学の道」がある。ネッカー川沿いの高台にある小道で、対岸のハイデルベルク市街が見下ろせる。道の始点には最先端の物理学教室があって、学者や学生たちが集う。昔から多くの研究者がこの小道を歩いて思索を練ったらしい。私はここに、京都や京都大学との共通点があると強く感じた。

周知のように、京都大学の近くには「哲学の道」がある。琵琶湖から引いた疏水の流れに沿う小道で、明治時代に多くの文人がこのあたりに住んで「文人の道」と呼ばれたのがきっかけであるという。その後、京都大学の西田幾多郎や田辺元らの哲学者が散策しはじめ、「哲学の道」と呼ばれるようになった。この道を少し上れば法然院があり、京都の街を遠望できる。木々に囲まれた小道を歩いて自然との対話を楽しみ、人々の日常を遠望する。そこがハイデルベルクと京都の「哲学の道」に共通する特徴だと思う。

人間が心地よく思索にふけるためには、自然のなかをひとりで歩くのが一番だ。目に映る自然のたたずまいや虫や鳥の声は、ひとりで思索を練ることを可能にしてくれながら、孤独を感じさせない。都市の街並みを遠望できる立ち位置は、人間の営為を少し離れてながめようとする境地をもたらす。歩くたびに聞こえてくる自然の音や声は、虫や鳥になって世界を見つめる感性を開いてくれる。

歩く速度も考えるのにちょうどいい。人間は約７００万年前にチンパンジーとの共通祖先と分かれてから、最初に直立二足歩行という人間独自の特徴を身につけた。これは、時速4キロぐらいの速度で長い距離を歩くときにエネルギー効率がいい。つまり、人間は歩きながら、歩くことに意識を集中させずに思考を解き放つことができるのだ。走っていたり、自転車や車を運転したりしているときに、自由に考えをめぐらすことはできない。新しい考えは、自然に囲まれた小道をひとりで歩いているときに突然宿るのである。

京都は歩く街である。三方を山に囲まれる京都の街には無数の路地があって、1200年の歴史が積み重ねてきた数々の名所旧跡へとつながっている。京都大学の近くには、哲学の道以外にも吉田山や白川疏水など、たくさんの小道がある。これらの道を歩きながら、どれだけ新しい考えが生みだされ、世界の隅々へと発信されてきたことか。これはハイデルベルクも同様である。

さらに二つの街に共通するのは、世界に名だたる観光都市だということだ。世界中から人々が集まり、独特な風物にふれ、感動し、心に残るものを得て帰っていく。京都で何かを発信し、それが人々の心を捉えれば、世界中に伝えられることになる。

京都大学の総長になって3年半が過ぎた。その間、いろいろな人の意見を聞いて、京都大学の最も大きな財産は京都そのものにあると私は悟った。今、人間の定義や文明の価値が揺らぐなかで、新しい文明論を展開できるのは京都しかない。それは激変する世界の動きに惑わされることなく、静謐《せいひつ》な思索のときをもち、政治、民族、宗教の壁を超えて世界の知が結集できる場所だからである。ぜひとも京都大学をその舞台としたいと思う。

期待の分散が人間を生かす

クリエイティブな期待のかけ方

２０１４年、京都大学の田中英祐君がロッテからドラフト2位の指名を受け、プロへの道を歩みはじめた。最速１４９キロの速球投手。関西リーグで勝利をもたらし、京大の60連敗を止めた。その後、強豪を相手に通算8勝を挙げた。あいさつにやってきてくれた田中君に、私は「失敗をおそれず、文武両道を貫いてほしい」と激励した。その後正式に契約して、京都大学初のプロ野球選手となった。

田中君はいくら才能があるとはいえ、高校のときからプロを目指して野球の英才教育を受けてきたわけではない。学問にも未練があるだろうし、三井物産にも就職が内定していた。本人もずいぶん迷ったことだろうと思う。

でも私は、まだ京大生が選んだことのない道に挑戦しようとする田中君の決断を大いに歓迎した。自分の将来はそんなに簡単に予測できるものではない。自分にどんな能力が眠っているか、自分のどんな経験が生かせるか、やってみなければわからない。重要なことは、失敗をよき経験として新しい可能性に絶えず挑戦することである。

人間は生まれついたときから、周囲の期待によって自分をつくっていく。両親から、親族から、地域から、学校から、次第にその期待が大きくなって、自分の能力に自信をもつようになる。人間の子どもは負けず嫌いだ。他の子どもたちに負けまいとふるまううちに、仲間と違う自分の才能に気づく。周囲もそれをのばそうとして働きかける。

しかし、期待通りに能力が開花して成功するとは限らない。途中で挫折することも、運に見放されることもしばしばある。残念なことに、昨今の日本の社会は失敗を認めない風潮がある。周囲の過剰な期待が個人を追いつめ、夢を打ち砕くことがしばしばあるのだ。東京オリンピックのマラソンで銅メダルをとった円谷幸吉選手が自ら命を絶ったのも、過大な期待にこたえられなかった自分を責めたことが原因だった。

周囲の期待が国全体の期待に拡大すると、ときとして個人の自由を束縛し、将来を奪うことがある。京都大学の時計台にある迎賓室には、一枚の絵が掲げてある。学生服を着て銃をもち、出陣していく学徒たちを描いた、なんとも暗い色調の絵である。

この絵を描いた須田国太郎は、京都大学文学部哲学科で美学を学び、その後関西美術院でデッサンを修業し、スペインのマドリードを拠点に画家として活動をはじめた。この絵は、1943年11月20日の出陣学徒壮行式の様子を、当時文学部講師だった須田が描いたものだ。京都大学大学文書館の研究紀要第5号によれば、須田はこの壮行式について、「総長の送別の辞、マイクが山彦して一句々々肺腑を衝く、残留生代表壮行の辞、出陣代表の答辞、これにつづいた分列行進、いづれも沈痛なる悲壮そのものである」と記した上で、「武人が武人としてではなく、武人としての学生を我々は、この壮行式に於いてみてゐるのである。そこには何等の華々しさはない」と当時の新聞に寄稿している。

この絵は戦後行方不明になったが、１９７９年に倉庫から発見されて総長室（現在の迎賓室）に飾られるようになった。海外からの来賓が時々、この絵に目をとめる。学徒出陣の精神高揚を意味したものかと尋ねる人がいると聞く。私はその真の意味を伝えたいと思う。

学問の都である京都大学でスポーツに秀でたプロ選手が育つのは、とてもうれしいことだ。自由の学風を伝統とするこのキャンパスで磨いた知性や能力をぜひ、スポーツに生かしてほしい。しかし、ロッテの入団が決まったとき、田中君の挑戦をみんなが期待して見守った。しかし、私はその期待をむやみに拡大して田中君の将来の可能性を摘んではいけないと思った。彼にはきっと、野球以外の世界で活躍する才能もあるに違いないからだ。個人に一つの能力だけを期待し、それを果たせない人々を見捨てようとする社会は生きづらいし、創造の精神は発揮できない。

その後、田中君は開幕1軍で試合に出場したものの、成績が出ずにのび悩み、ついにロッテを退団することを決意した。ロッテ入団前に就職が内定していた三井物産で新しい人生をはじめるという。私はそのいさぎよさにまた感動した。一本の道を歩むだけが人生ではない。転機、好機というものがある。それをつかみとるのも才能の一つだ。ロッテでの経験は、きっと新しい人生に大きな力をあたえてくれるだろうと思う。

私たちは若者への期待を国のレベルに高めるとき、本当に彼らに輝かしい人生をあたえることになるかどうかを慎重に考えなければならない。子どもたちは周囲の期待にこたえようとして育ち、自分の能力をのばしていく。称賛は若者にとって最も効果的な成長の糧なのだ。しかし、それをいいことに学生の愛国心をあおって戦いへ駆りだすようなことがあってはならないと私は思う。学徒出陣はその最悪の例なのである。

世界標準の自信を身につけるには

ピョンチャン五輪での日本人の活躍はめざましかった。テレビの前にくぎづけになった人も多かっただろうと思う。フィギュアスケートで金メダルに輝いた羽生結弦選手をはじめとして、メダルを獲得した選手たちの誇りに満ちた態度や歓喜にむせぶ表情はとてもほほ笑ましかった。

しかし、それにもまして、メダルや入賞を逃した選手たちの凛とした態度が心に残った。自分を応援してくれた人々の期待にこたえられなかった悔しさや、自分の力を出し切れなかった残念な思いは、選手たちの顔を一瞬曇らせた。だが、次の瞬間には例外なく、敗者たちは晴れ晴れとした顔で全力を尽くして戦った自分をふり返っていた。そのいさぎよさを私はとても美しいと思った。

前回のソチでもそうだったが、今回も10代の若い選手が多かった。報道陣に対する彼らの言葉を聞いていると、まるで老成したおとなのように思えるほどだった。自分を支え、応援してくれた人々への感謝や、他国の選手への尊敬の念を忘れない。勝ってもむやみにはしゃいだりせず、いっしょに戦った仲間や敗者への心遣いを欠かさない。いったいいつ、彼らはこんな立派な態度を身につけたのだろう。そのための特別な訓練を受けたのだろうかとさえ思えてくる。

実は、私が長年調査をしているゴリラも急に立派な態度を示しはじめるときがある。ゴリラのオスは思春期になると、生まれ育った群れを離れてしばらくひとりで暮らした後、他の群れからメスを誘いだして自分の群れをつくる。ひとりのときは落ち着きがなく、自信がなさそうに見えることもあるが、メスを得ると途端に堂々とした態度を示すようになる。やがて子どもが生まれ、メスの数が増えると、泰然自若とした風格を身につける。他のオスに会うと肩を怒らせ、背中を反らせて堂々と歩き、二足で立って胸をたたく。それはまるで歌舞伎の見得を見るようで、たくましく美しい。メスや子どもが悲鳴をあげればすっ飛んでいって敵に立ち向かう。リーダーオスの一挙手一投足には、常に群れの仲間の視線が注がれており、オスはそれを意識して行動しているように見える。

おそらく人間でも、周囲から注目され、期待されていることが行動に大きな影響をあたえるのだと思う。五輪選手の場合、その視線の数は半端ではない。日本国民すべての期待が集中しているのだから、きっと大きな重圧がかかっているに違いない。だからこそ、選手たちは自分の態度や言葉に人々の期待を乗せるのだ。自分の体が自分のものではないことを感じるからこそ、選手たちはさまざまな立場に立って戦いをふり返ることができるのだろう。

人間がゴリラと違うのは、周囲の期待を背負って戦った自分を、また自分のもとにとりもどすことができることである。苦しい練習を経て栄光をつかもうとしたのは他ならぬ自分の意志であり、自分の世界への挑戦であったことを思いだすのだ。それが果たせても果たせなくても、周囲が称賛しようが非難しようが、力の限り戦った自分をたたえたいと思う。そして、同じように世界の舞台に登場した人々、わずかの差で出場を逃した人々に同志としてのいたわりの気持ちを抱く。その能力があるからこそ、人間はスポーツという勝負の世界に興じることができる。スポーツの勝敗は敵対心ではなく、融和と連帯の心を人々に抱かせる。

考えてみれば、このスポーツの精神は芸術や学問など他の分野でも生きているのではないだろうか。人間は同じような志をもつ人々の間で自分を高めたいと思う強い欲求をもっている。でもその競争に勝つことだけが目的ではない。互いにせめぎ合い、高め合いながら、新しい記録や、美や未知の発見にめぐり合うことが喜びにつながるからこそ、過去に置かれた限界を超えようとする。その偉業を互いにたたえ、支え合う気持ちがなければ、これらの挑戦は生まれてこない。

昨今、しきりにグローバル人材の育成を求める声を聞く。その最も効果的な方法は若者たちに世界の舞台を踏む機会をあたえることだろう。会話力やマナーなど小手先の技術ではなく、世界で試す自分の目標をもち、それを果たすために多くの人々が支える環境をつくることが重要なのではないだろうか。自分を信じる心を磨き、人々の視線と期待が向けられれば、若者たちはきっと立派に世界に向かって羽ばたくに違いない。

第3章　人類が見落としている平和への近道

哲学は人間のよりよい生き方を考える学問である。しかし、ソクラテスにしろ、ルソーにしろ、ハイデッガーにしろ、名だたる哲学者たちは人間以外の動物たちの生き方に目を向けず、ひたすら人間のことだけを考えてきた。ルソーにとって「自然人」とは、自分のことだけを考え、他者によって影響されることのない孤独な存在であったし、ハイデッガーは、視覚も聴覚もないダニは「貧しい世界」に暮らしていると考えた。これはひょっとしたら、人間と他の動物との境界を明確に引くキリスト教の影響を受けた西洋の哲学の考え方なのではないだろうか。

しかし、日本では草木国土悉皆《しっかい》成仏という言葉に現れるように、草や木も人間のように心あるものととらえる思想が普及した。西田幾多郎の「無の思想」にも、人間ばかりでなくすべての生命に共通した生き方が追求されている。日本霊長類学を興した今西錦司が第二次世界大戦中に著した『生物の世界』には、人間だけでなくすべての生命に「社会」を認めようとする新たな思想が盛りこまれていた。ここには西田哲学の影響が色濃く見てとれる。しかし、言葉が意識をつくり、その意識が文化や社会を創造したと見なす西洋の学界は、この考えを擬人主義として退けた。

今では、人間以外の生物がそれぞれの種に固有のコミュニケーションによって「社会」をつくっていることに疑念を抱く科学者は少ない。それは、西田や今西以後にDNAが遺伝子の本体であることが発見され、すべての生物がこの遺伝子情報によってつくられていることが判明したからである。人間と人間以外の動物は共通の物質とプログラムによってできているのである。しかも、20世紀後半からの生物学、とりわけ盛んになった野生動物のフィールド調査によって、人間以外の動物も人間に劣らぬ認知能力や社会能力をもっていることが明らかになった。むしろ人間のほうが、言語による特殊なコミュニケーションを開発したことで、他の生命とは異なる社会をつくりはじめたのではないかという疑いが生じる。

認知革命に続いて、農耕牧畜革命、産業革命、情報革命を経て、現在私たちは超スマート社会といわれる異次元の世界を迎えつつある。ここでは、人工知能が活躍し、人間はさまざまな活動の場から追いだされる可能性が高いといわれている。人工知能を備えたロボットが人間に代わって、日常的な作業をこなしてくれる時代がもうすぐ来るかもしれない。

一方、生命のあり方自体も大きく変わろうとしている。遺伝子組み換えや編集技術が発達し、収量の高い作物や成長の速い家畜が次々につくりだされている。動物や人間の全ゲノムが解読され、遺伝的な疾患や弱点を調べることが可能になった。予防的にそれらの弱点を回避できるし、遺伝子編集によって親とは違う遺伝子構成をもつ子どもをつくることも可能になりつつある。まさに、人間は生命を操作する「神の手」を手に入れつつあるのだ。

科学技術は諸刃の剣である。私たちが抱えている問題点を克服し、明るい未来と可能性をもたらしてくれる一方で、私たちが予想もしなかった闇で世界を覆いつくすこともある。原子力はその好例である。現代は大きな閉塞感に包まれている。20世紀に地球の限界が判明し、これ以上人間の活動を拡大し続ければ地球環境が崩壊してしまうことがわかった。しかし、地球の人口は増え続け、家畜を含め人間がつくりだしたものが野生生物を追いつめている。このままでは、地球は人間どころか、生物のすめる惑星ではなくなってしまうかもしれない。

人間どうしの争いも深刻だ。グローバルな経済の進展で物の価値はフラットになったが、経済格差は広がって生活保護を受けなければ暮らせない人々は増加傾向にある。世界中で大小の紛争が勃発し、多くの難民が先進国を目指して国境を越えはじめた。子どもの虐待、セクハラやパワハラも後を絶たないし、最近ではネットを使った脅迫や嫌がらせが急増している。

なぜ人間の世界はこんなにも悪意や敵意に満ちているのか。それを軽減して平和で調和ある世界を実現する方法はないのか。その解決のカギは動物たちの暮らしにあると私は思う。最近、西洋でも文明以前の時代にもどって人間の本質を理解しようとする動きが出はじめている。言葉も文明ももたない時代の人間を想像するには、人間以外の動物をヒントにする必要がある。しかし、残念ながら西洋にはその学問の伝統がない。それは日本の育ててきた霊長類学が答えを出せる領域なのである。

人間は今一度、言葉以前の暮らしに立ち返り、人間の祖先が五感を用いてどんなコミュニケーションを駆使していたか、どんな暮らしを営んでいたかを思い起こしてみる必要がある。生活習慣病のように、私たちの身体や心は現在の人工的な環境にミスマッチを起こしている。個人的な欲求をてっとり早く満たすことだけが、人間の幸福なのではない。何もかもデータにして100％わかることが、最良の解決策ではない。私たちはいったいどんな世界を求めているのか。私たちのすぐそばで別の世界を営んでいる動物たちをながめながら、今一度人間の真の幸福とは何かを考えてほしいと思う。

サルの心が支配する現代日本

ゴリラのリーダーシップを追いかけて

ゴリラの社会にも民主主義がある、と言ったら驚かれるだろうか。

ゴリラは体重200キログラムを超える巨大なオスを中心に、数頭のメスと子どもで群れをつくって暮らしている。オスの体重はメスの2倍近くあり、メスにはない白銀の毛が背中にあってよく目立つ。これはゴリラのオスが外敵を引き寄せ、メスや子どもたちを守るような特性が進化してきた結果である。だから、オスは常に堂々とした態度をとり、まさにリーダーの威厳を保っているように見える。

その典型がドラミングと呼ばれる行動だ。二足で立ち上がって両手で交互に胸をたたくのだが、注目を引くようにわざわざ大仰に振る舞う。他の群れと出会ったときや、興奮したとき、休息を終えてみんなで歩きだそうとするときなどによく見られる。メスや子どもたちは、オスにしたがって採食の旅に出かける。

しかし、メスたちがオスの後についていかないことがある。よく見知った場所であまり危険がないことがわかっているようなときは、メスたちは思い思いの方向に歩きだす。そして互いにブウブウという低い声でうなる。その声が多いほうにだんだんと集まり、やがてまとまって一斉に歩きだすのである。リーダーは不要でもひとりで行動するのは怖い。そこで声を交わし合って希望の多い方向へ同調するのだ。これがゴリラのデモクラシーである。リーダーのオスが置いてきぼりを食うこともあるし、あわてて引き返してくることもある。こんなときのオスはなんとも決まりが悪そうに見える。

たかがゴリラというなかれ。人間も大して変わらないことをやっている。平和なときはめいめいが勝手なことをやろうとし、でもひとりでは不安だからなるべく多くの仲間がいるほうへ同調する。しかし、さらに不安が増すと強いリーダーを求め、その力が導くままに歩もうとする。ゴリラと違うのは、集団の規模が圧倒的に大きいこと、それに声のあげ方がゴリラとは違うことである。人間の世界では、もはやどの方向に声が多いのか判別するのが難しくなっているのだ。

かつてベネディクト・アンダーソンは、国民国家を「想像の共同体」と呼んだ。新聞などマスコミによって情報が共有されるようになり、過去の大惨事や歴史的事件を共通の記憶としてもてるようになったことが国民国家の建設を可能にしたというのだ。

しかし、今の日本の国民は果たして情報を共有できているだろうか。東日本大震災を国民共通の記憶として胸にとどめているだろうか。「新聞は本当のことを伝えない」「テレビは伝えてほしいことを報道しない」といった意見が飛び交っている。原子力の安全について、放射能汚染の影響について、政府や専門家の間で大きく意見が割れている。納得するような答えが出ないままに、新しい政策が実行されていく。人々がこれまでよりどころにしてきたマスコミという公共の掲示板への信頼は崩れ、不安に駆られた人々はインターネット、ツイッター、フェイスブックなどさまざまなソースから情報を得ようとしている。

しかし、そうしたネットを流れて伝えられる人々の声の多くは無名のささやきである。声の所在もその大きさも数もはっきりしないことが多い。それを受けとる人々はどの声にしたがったらいいか判断できないでいる。だから突如として声が大きくなって大群衆が行進をはじめたり、突然理由もわからないままに沈静化したりするのだ。

議会制民主主義の機能も低下している。これまで国民の政治参加は、選挙に投票して議員を選ぶことだった。選ばれた議員は人々の信頼と期待にこたえるよう に全力を尽くすことになっていた。しかし今、その議員が自分たちの意見を代表してくれず、政治家どうしの駆け引きばかりを優先させているように見える。経済は悪化し、国際情勢も緊迫し、人々は大きな不安に駆られて強いリーダーを待ち焦がれるようになっている。

問題はそのリーダーたちである。ゴリラのリーダーはメスや子どもたちに置いてきぼりにされれば、あわててその後を追う。いくら威張っていても、群れの仲間がついてきてくれなければリーダーとしての役割を発揮することができないからである。でも日本のリーダーたちは後ろをふり返らない。ゴリラのオスのようにドラミングをして虚勢を張るのはうまいが、みんなが違う方向へ歩きはじめても頑として方針を変えない。みんなの声に耳を傾けているとはとても思えない。

長らく市民が前提としてきた熟議による民主主義はどこへ行ってしまったのか。この行きづまりの状態を打開するには、確かな情報を共有する公共圏を再構築し、人々の信頼に足るリーダーシップを確立することが急務だろうと思う。私たちは今、ゴリラの民主主義すら力として行使できなくなっているのである。

感情暴走社会の由来

長らく、感情は理性と対立する概念だった。感情は身体に寄り添う情動で、衝動や欲望に強く結びついている。これに対して理性は、自他の意識を前提に物事の道理をわきまえて判断する高次の知的作用で、人間だけが生みだした精神の営みとされた。両者はしばしば拮抗し、感情の急激な高まりは理性の働きを阻害する。その葛藤を克服し、理性によって感情をコントロールすることが、社会人となるために必要であると考えられてきた。

しかし、感情と理性は常に対立するものではない。むしろ理性を働かせるために感情が必要となる場合が多い。たとえばプラットホームで電車を待つ列にならんでいるとき、割りこんでくる人に対し無性に怒りがこみ上げて注意してしまう。理不尽な政策に抗議したいと思いながら行動に出ることをちゅうちょしていたとき、シュプレヒコールに背中を押されて街頭デモに加わる。これらの感情は、他者の行いに気を配らずに自分勝手に行動する者へ怒り、自分の思いを他者と同調させて実現したいという欲求によって生まれる。それは人が社会的に生きるために不可欠な心の動きだ。

サルや類人猿の行動を見ていると、人間の理性は感情の進化の上に思考という心の働きが加わって生まれてきたことがわかる。サルは仲間の態度に敏感に反応する。仲間が悲鳴をあげれば、何をめぐってだれとトラブルがあるかを理解する。そして、そこに介入するかどうかを判断するのだ。当事者がどちらも自分と親しくなければ、あるいは自分より強ければ介入しない。親しければ加勢するが、強いほうの味方になることが多い。サルはいつも、どの仲間が強いか弱いかを知っていて、強いサルに加勢してトラブルを抑えようとするのである。

ところが、ゴリラやチンパンジーだと、どちらか一方に加勢するよりもトラブルそのものを抑えようとする。ゴリラは攻撃したほうをいさめるし、当事者より小さいゴリラが介入することもある。チンパンジーもよくけんかに割りこんで仲裁するし、傷ついた者を抱いてなぐさめる。これはゴリラが体の大きさにとらわれずに、互いに対等でありたいという気持ちを、チンパンジーはトラブルが広がることをおそれる気持ちを強くもっているからだ。その基本的な感情がもとになって彼らの社会はつくられている。

人間も類人猿たちと同じような感情をもっている。弱い者を助けたいし、不公平には憤る。他者のトラブルに敏感なのは、人間が同調しやすく、自分が巻きこまれることを期待したりおそれたりするからだ。人間は身近に起こった他者のトラブルを放ってはおけない。自分の行為が正しいか間違っているかを考える前に、すでにそのトラブルに巻きこまれていることが多い。早急決断を求められているときに複数の選択肢があれば、自分の感情のおもむくほうにかじを切ってしまうことがよくある。理性はその行動に後で理由をつけるにすぎないことだってあるのだ。

サルも類人猿も人間も、視覚によって物事を判断する。見たことが事実であるし、不明なことを見て確かめようとする。だから、見られているときとそうでないときとでは、同じ人間でも行為を変えることがある。道徳はまず、人に見られているときの行為を教えてくれる。その規範を内面化し、人に見られていなくても行うようになるのが社会人の条件で、それが理性の源泉になるのだ。

しかし、昨今の生活状況の変化は見られる機会や意味を減らし、感情に重きを置いた行為を選択させているように見える。窓を閉め切った家で、冷暖房の効いた快適な暮らしを営む一方、近所の人々とのつき合いはなくなった。朝出かけるときも夕方帰宅するときも、人とあいさつすることさえ少なくなった。インターネットのおかげで自由に情報にアクセスできるので、だれにも相談せずに知識を得たり判断したりできるようになった。他者を否定することも肯定することも、自分ひとりの判断で行えるようになった。それは他者の存在を考慮せず、自分の感情のおもむくままに行動する傾向を助長してしまう。

かつて感情は理性の働きを助け、行為を発動させるエンジンの役割を果たしていた。今それは、社会の実感をともなわず、自らの身体に忠実に動くように人々を駆り立てている。スポーツに熱狂し、コンサートホールに出かけ、両手を突き上げて踊る姿は、他の人々と心や体を同調させることがどんなに楽しいかを教えてくれる。現代はそういった感情の表出が可能な時代なのだ。しかし、日々の感情の高まりが本当に社会に生かされているだろうか。「アラブの春」は、悪政に抗議する人々が一斉に感情を爆発させて政府を倒した事件だった。ところが、その後彼らの求めるような政府が樹立されたとは思えない。今その感情がどのような社会の実現によって満たされるかが問われている。たやすい道ではない。現代の個人重視の生活意識を変えずして実現することはできないと思う。

道徳教育の前に共同体をつくれ

道徳の復活、道徳意識の強化を求める声が高くなっている。小中学校におけるいじめ、ストーカー被害、インターネットによる嫌がらせ、無差別の暴力、ヘイトスピーチなど、常識を疑うような事件が頻発しているからだろう。最近、道徳の起源をめぐる2冊の本が相次いで出版されたのも、世間のこうした声を受けてのことだろうと思う。

『道徳性の起源』を書いたフランス・ドゥ・ヴァールは、アメリカのヤーキース国立霊長類研究所でチンパンジーの行動を研究してきた。『モラルの起源』を書いたクリストファー・ボームは南カリフォルニア大学の文化人類学者で、狩猟採集民の社会を研究するとともに、タンザニアで野生チンパンジーの行動観察にもとり組んできた。

2人はともに、道徳はチンパンジーなど人間以外の動物の社会的な感情に起源をもつと主張する。群れをつくるサルは仲間の行為を見てそれに同調し、共感する能力をもっている。チンパンジーなどの類人猿はさらに、苦境に陥る仲間を助けようとする。加えてサルも類人猿も、群れの規範にしたがわない仲間を罰しようとする傾向がある。たとえ、それが最も力が強いオスであっても、自分勝手なふるまいをすれば群れ全員の攻撃にあう。こういった共感や同情の能力が高まって、逸脱者をとり締まるルールが内面化し、人間に道徳意識が発達したというのである。

実は19世紀に進化論を提唱したチャールズ・ダーウィンも、道徳の進化に頭を悩ませたひとりだった。進化のなかで有利な性質は、子孫を通じて伝えられる。しかし、命を賭して見ず知らずの他人を助けようとする行動は、子孫を残す前に死んでしまえば伝わらない。いったいどうして、人間にはこんな道徳が発達したのだろうか。ダーウィンは、顔を赤らめるという現象が人間に普遍的に見られることから、恥を感じることに道徳意識の芽生えを予測した。

ボームは、狩猟採集民の行動に関する膨大な資料を集め、赤面するという生理現象がどの民族にも共通なのに、ゴリラやチンパンジーなどの類人猿には見られないことを確かめた。しかも、罪の意識は人間でも文化によって異なる。つまり、人間は類人猿との共通祖先と分かれてから、まず恥の意識をもつようになり、文化が発達してからそれぞれの社会規範による罪の意識をもつようになったと考えることができる。

ではどうやって、人間は犯罪や逸脱者を抑えてきたのか。2人の著者は、ともに協力の不可欠な環境と言葉の役割を強調する。人間は類人猿のすめない過酷な環境に進出し、仲間内でうわさ話をしながら協力を強化してきた。言葉によってスキャンダルや恥ずべき行為をあげつらい、それを罰し、共同体から排除することによって、罪の意識を定着させてきた。ただ、これまで人間が暮らす社会は小さく閉じていたので、いまだに共同体の外に恥や罪の意識を拡大することができていない。「他人にしてもらいたいと思うことをせよ」という黄金律は、共同体の内部のみに通用する話なのだ。

現代の社会でなぜ道徳の力が弱ってきたのか。人間に普遍的な恥の意識がそう簡単に薄れるはずはない。恥を感じたときにその行為を抑制できる環境や、罪を感じるルールが内面化されていないのが原因だと思う。隣人関係が希薄になり、共同体内部でうわさ話によって抑制し合うことがなくなってきた。さらに、多様な文化や価値観が入り混じり、どのルールを基準にしたらいいか判断が難しくなった。宗教が模範を示す力を失ったのも大きな原因だろう。道徳は自分が属したい共同体があってこそ成り立つ。それがなければ、道徳は心に宿らないのである。

道徳の低下は、現代の日本人が急速に孤独になったことを示している。それを少しでも埋め合わせようとして、人々は自分の行為をブログやフェイスブックに載せて報告する。しかし、ネット上の共同体には行為を抑制する力はないので、逸脱した行為を止めることも罰することもできない。文部科学省は中央教育審議会の答申を受けて、現在小中学校で教科時間外として扱われている道徳の時間を「特別の教科」として位置づけ、国の検定を受けた教科書の導入をはじめた。しかし、道徳を教える前に、恥と罪を意識する信頼できる共同体づくりが先決なのではないだろうか。

最大の安全保障は「気配り」

東日本大震災以来、危機管理のあり方が盛んに議論されている。福島原発の汚染水漏れが発覚したり、情報隠しが疑われたり、いったいだれがどのように危機に対処し、責任をもつのかが依然としてはっきりしない。さらには有名ホテルの食品表示の意図的な張りかえ、東芝の不正会計、日立や神戸製鋼の品質不正などが次々に報道され、人々は日々の生活に不安を募らせている。なぜ、このような間違いばかりが起こるのだろうか。

それは、人々が自分のことばかりに関心を向け、他人の安全や安心に気を配らなくなったからではないだろうか。日本ではつい最近まで、他人への気配りが自分の安全や幸福を確保することにつながった。危機管理でも同じことがいえる。今、自分の身に降りかからなくても、いつか同じような危機がやってくる。そのときひとりで危機に立ち向かう事態にならないように、他人の危機をいっしょに協力して乗り切ることが、将来の安全を図る方法だったのだ。

とくにそれは、自分の子孫たちの安全を保障するための最善策だった。自分が他人の危機を救ったことが代々伝えられ、その記憶がいつか自分の子孫を救うことになるかもしれない。もはや自分はこの世にいないかもしれないが、自分の子どもたちの安全のために力になりたい。そう願う心が世代を超えて人々をつなぎ合わせてきた。

なぜそういった他人への配慮が失われたのか。世の中が自分中心に動いていて、他人を慮《おもんぱか》ることが非効率で不確実に見えるからである。それはサルの世界に似ている。ニホンザルの群れは、個体の利益を最大化するようにできている。野生の食物を効率よく探し、肉食動物から身を守るためには仲間といっしょにいたほうがいい。でも群れが大きすぎると、限りある食物をめぐって仲間と競合する。だから野生のサルの群れは、仲間といることが自分の安全と利益につながるような大きさに収まっている。それ以上大きくなると群れは分裂し、互いにぶつからないように遊動域を広げる。サルは自分の利益を減らしてまで仲間を助けようとはしないし、子孫の時代を気にかけたりもしない。

サルと違って人間は、複雑な分業制のもとに食物を供給し、さまざまな構築物と組織で安全を保障するようになった。そこではもはや、自分や親しい仲間だけで安全を確保することはできない。食物は自分の知らない場所から多くの人の手を経てやってくるし、高層建築や鉄道など自然の力を超えた文明の利器は、どこまで安全か一般の人々にはわからない。こういった人為的なシステムとしての環境に身を任せるには、そのシステムを維持する組織を信頼するしかない。でも、その組織にいる人々を私たちは直接知っているわけではないのだ。そこに、信頼関係が破綻し、自分の利益を優先して安全性を軽視する危険が生じる。

東日本大震災にともなう福島原発事故は、組織に頼っていた安全神話の崩壊をもたらした。過剰な生産力と高速輸送に特徴づけられる現代社会は、過大なエネルギーを供給する装置を必要とする。その新しい環境を支えるシステムの安全は、最先端科学の粋によって幾重にも守られているはずだった。しかし、その装置の安全が脅かされたとき、少数の人間の判断によって大きな危機が降りかかることを私たちは思い知らされたのである。それは人々の安全よりも自社の利益、自分の利益を優先する考えがもたらした危機ではないだろうか。いうならば、巨大な科学技術をサルの心で操ったことによる危機だったのだ。

経済学者のアマルティア・センは、現代の課題を「人間の安全保障」に置いた。かつて安全保障は国家のものだった。しかし、国家は国の利益を優先するために、人間の安全を犠牲にすることがある。紛争や災害に悩まされる個々の人の権利を守るためには、国家ではなく人間を中心に考えることが必要だと言うのだ。

今の日本に必要なのは、人間の安全を保障するのは機械でも技術でもなく人間の心だという事実に立ち返ることである。いくら予算をつぎこんでも、法や規則を整備しても、自分以外の人々に気を配る心がなければ、安全は保障されない。

人間にも誤りはある。しかし、それを自覚しつつ他人の立場に立って危険を予測すれば、機械の暴走を止めることができる。危機管理の近道は私たちの心のなかにあるのだと思う。

争いは人類の本性なのか

暴力の由来と未来

21世紀に入ってから、日本人のノーベル賞受賞が相次いでいる。アメリカに次ぐ受賞数である。その業績はだれもが祝福する快挙だ。大いに誇りに思いたい。

ただ、ノーベル賞のなかでも平和賞だけは、なぜと首をかしげる受賞者が多い。たとえば２０１２年の平和賞はＥＵ（欧州連合）が受賞したが、その理由となっている「戦争を二度とくり返さないことを目的に行ってきた活動」というのは本当だろうかと疑いたくなる。

アジアやアフリカで起こっている紛争は、もともと欧州列強による植民地支配で民族が分断されたことが原因だし、いまだに土地や資源をめぐる争いに欧州の企業や政府は深く関与している。戦争を長引かせている原因は、欧州各国の繁栄が発展途上国の無秩序に支えられているからだといっても過言ではない。その負のスパイラルをEUは少しでも改善しようとしているだろうか。

アメリカのバラク・オバマ前大統領も平和賞の受賞者だ。2009年12月のノーベル平和賞の授賞式で、「戦争はどのような形であれ、昔から人類とともにあった」と述べた。そして、平和を維持する上で戦争は必要であり、道徳的にも正当化できる場合があることを強調した。その言葉通り、アメリカはアフガンへの武力介入を強め、11年にはアルカイダの指導者ウサマ・ビンラディンを殺害している。

私はここに世界の暴力に対する大きな誤解を感じずにはいられない。なぜオバマ前大統領は戦争という暴力が平和の正当な手段であると言いきるのか。なぜノーベル平和賞は暴力を用いて戦争を抑止しようとする活動にあたえられるのか。そこには、戦争につながる暴力は人間の本性であり、それを抑えるためにはより強い暴力を用いなければならないという誤った考えが息づいているように思う。

この考えが世界に広がったのは第二次世界大戦の終了直後である。人類は長い進化の歴史のなかで狩猟者として成功し、獲物を捕らえるために用いた武器を人間へ向けることによって戦いの幕を開けた。戦うことは人間の本性であり、社会の秩序は戦いによってつくられてきたとする考え方である。

この説は南アフリカで人類の古い化石を発見したレイモンド・ダートによって提唱された。それを劇作家のロバート・アードレイが一般書に仕上げて、戦争は人間にとって社会の秩序と平和をもたらす最良の手段であり続けてきたと説いた。ノーベル賞受賞者で動物行動学者のコンラート・ローレンツは、人類が抑止力をもたないままに武器の開発によって攻撃性を高めたとして、その説の後押しをした。戦争が人間の原罪であり、暴力は最初から人間とともにあったとする考えは急速に世界に普及し、『２００１年宇宙の旅』などの映画のテーマとなって人々の心に深く根を下ろすようになった。

ところが、その後明らかになった科学的事実はこの考えと全く違う。人類は狩猟者ではなく、つい最近まで肉食獣に狩られる存在だったし、人間に近縁な霊長類が群れをつくる理由は、食物を効率よく採集するためと捕食者から身を守るためだということがわかってきたのだ。

ダートが主張した人類化石の頭骨についた傷は、人類によるものではなく、ヒョウに殺された痕だと判明した。強大な力を誇るゴリラでさえ、オスどうしの衝突で力の弱いメスや子どもが仲裁をする。力で屈服させることが平和の手段とはなっていないのだ。槍を用いて狩猟をはじめたのはわずか40~50万年前であるし、集団で大型獣を仕とめられるようになったのは20万年前に出現した私たち現代人になってからだ。人間が同種の仲間に武器を向けたのは約1万年前に農耕がはじまってからの出来事で、人類の進化700万年のごく最近のことにすぎない。戦争が人間の本性などとはとてもいえない。そもそも狩猟と戦争は動機が違う。狩猟は食べるための経済的な活動だが、戦争は相手と合意するための自己主張だ。相手が認めてくれれば戦いを続ける必要はない。

集団間のトラブルに戦いという手段が用いられるようになったのは、人間がもつ高い共感能力が言葉によって目的意識をもち、集団への帰属意識を強めるために使われはじめたせいだと思う。政治家が巧みなコミュニケーション技術を用いるのは、人間の仲間を思いやる気持ちと、仲間のために尽くしたいと思う強い願望なのである。戦争という手段はその意識を高め、仲間の結束を促すからこそ政治の格好の手段となる。

今日本では、近隣諸国とのトラブル防止のために武力増強が必要という声が高まりつつある。アメリカの強大な武力を傘にしなければ国土を守れないという声も強まっている。しかし、人間以外の動物は同種の仲間の争いを力で抑えたりはしない。ベトナム、イラク、アフガンなどアメリカの武力介入を受け入れた諸国が幸福になった例はない。

日本が武力を強めていく将来に、私は強く異を唱えたい。世界はそろそろ暴力とは別の手段を採用して紛争を解決すべきなのだ。現代の科学による正しい人間の理解が、その先鞭《せんべん》をつける必要がある。これからの日本の政治はその範となることができると私は信じている。

アイデンティティーは土地に芽生えず

人間はいつまで領土とか国境とかにこだわり続けるのだろうか。竹島や尖閣諸島の問題について述べているのではない。もう少し一般的な人間の集団間の関係について考えてみたいのだ。

人間とは自分の由来にこだわる動物だと私は思う。どの家族に、どの土地に生まれ、どの組織に属し、どの国の一員であるかが常につきまとう。それは人とつき合う際に、自分を証明する手段として重要だ。どの社会でも、どこのだれだかわからない人と、すぐに心を許してつき合おうとはしないからだ。

しかし、自分の由来は必ずしも土地や国に結びついているわけではない。個人のアイデンティティーは自分を育ててくれた家族や共同体に結びついており、土地に限定される必要はない。自己を証明する手段をもって複数の集団や社会を渡り歩ける現在、自分の由来を特定の土地に結びつけて語る必要が果たしてあるのだろうか。ましてや、その土地を境界線で仕切って区別する必要があるのだろうか。

そもそも土地に境界線を引くのは、人間にとって新しい出来事である。人間に近縁なサルや類人猿は、集団で暮らすようになってからほとんどテリトリー（なわばり）をもたずに共存してきた。テリトリーは夜行性の原猿類が個体でもつ特徴である。フルーツや昆虫を主食とする体の小さな原猿類は、樹上で食物をめぐる競合を回避するために、分散して互いに空間的にすみ分ける道を選んだのだ。

だが、次第に体が大きくなって昼の世界に進出した真猿類は、それまで鳥が支配していた樹幹部でフルーツや葉を食べるようになった。より広い範囲で食物を探す必要が生じて地上へ降り、集団をつくって肉食獣の危険から身を守るようになった。しかし、季節によって得られる植物性の食物は分布が変わるので行動域は広くなり、テリトリーとして防衛できなくなった。そのため彼らの行動域は、その全域あるいは一部が隣接群と重複し、特定の地域を占有して守る行動性向は発達しなかった。

テナガザルは例外的にテリトリーをもつが、オスとメス一対のペアで、直接戦わなくてもいいようにテリトリーソングを歌う。つまり、テリトリーとは本来、個体か家族規模の小集団が競合を避け、分散して共存するためのルールだと考えることができる。

霊長類の集団どうしは互いに対立し合う関係にある。ときには激しくぶつかり合い、負傷して死ぬ個体もある。だが、彼らは集団のために戦うわけでも、自分たちの土地を守るために戦うわけでもない。食物や繁殖相手を獲得するために、なじみのある協力しやすい仲間と手を組むだけである。その証拠に、オスもメスも集団を移ってしまえば、もとの仲間や土地に固執せず、すぐに新しい仲間と協力関係を結ぶ。このテリトリーをもたず、出自にこだわらない性質は人類に受け継がれ、つい最近まで続けられたと思う。人類の進化史の99％以上は食料生産をともなわない狩猟採集生活であり、自然の食物を探しながら小集団で移動し、他の集団と土地を共有していたと考えられるからである。

人間がまず自分のアイデンティティーをもったのは土地ではなく、集団である。それは家族という子育ての組織が確立されたころだと思う。人間は生涯にわたって家族のきずなを保ち続ける。ゴリラもチンパンジーも親元から離れてしまえば親子の関係は断たれるが、人間は別々の集団で暮らしていても家族のきずなを維持し続ける。そして、複数の家族が助け合って生きていくなかで、子どもたちは自らのアイデンティティーを地域共同体に刻印する。人間の体も心もテリトリーではなく、養育を通して家族のつながりへ深く結びついているのである。

約1万年前に食料の生産がはじまって土地に大きな価値が生まれ、定住生活が主流になった。土地の境界が集団の境界になったのである。土地を守る大きな組織が形成されるようになり、人間のアイデンティティーはさらに大きな集団へと移しかえられた。その最たるものが国家だろう。国家は明確な国境をもって他国家と区別される。しかし、それはもはや目に見える集団ではない。世界各地に、かつての植民地政策によって別々の国家に分断された民族がある。同じ言葉を話し、同じ衣装をまとい、同じ物を食べるのに、国境によって日常的な接触を断たれている。日本もその悲劇をつくりだした責任が過去にも現在にもある。

今さまざまな手段で人々は越境しはじめている。携帯電話やインターネットによる交信を止めることは難しいし、物の流れは加速するばかりだ。もはや国がある地域を独占支配する時代は終わったのではないだろうか。重要なのは、その土地を実際にだれがどう使うかである。人間はテリトリーをもつようには進化していないことを思いだすべきだ。地球の土地を世界の人々が共有する新たなルールをつくるべきときがきているように思う。

心地よい地方のつくり方

デュアルライフのすすめ

お盆や夏休みに、多くの人々が日本列島を移動する。近年は都市をつなぐ高速道路やバイパスが完備され、車で移動してもあまり大渋滞にはならない。家族で移動する人も多いだろう。こうした機会に故郷にもどり、子どもや孫たちを親族や近所の人々に紹介し、子どもたちに故郷をよく知ってもらう。それは、都市での日常生活の癒やしであるとともに、故郷とのきずなを確かめる旅でもある。

東京一極集中の緩和や地方創生が叫ばれる昨今、故郷を訪問する動きを加速させることが最善の解決策になるだろう。政府は地方創生基金を設置して、地元産業の育成や若者の地元定着を図ろうとしているが、多くの企業が東京などの大都市に本社を移すなか、地方に魅力的な雇用を生みだすのは難しい。

されば、無理に若者の都会志向を抑えるよりは、故郷への一時的な回帰志向を支援するほうが得策ではないだろうか。つまり、地方創生基金を地方の行事や楽しい集まりに用いて、都市に出ているその土地出身の人々の参加を奨励し、その移動にかかる費用を支援するのである。高校や大学を出て大都市へ就職する若者に、定期的に故郷へもどるような仕組みを設け、なるべく故郷の施設を頻繁に使えるように助成するのだ。

都市へ移住した人々が故郷へもどるのは、親族や親しい仲間と会い、なじみのある町並みや風景に浸って都会のストレスを軽減したいという動機が大きい。盆や正月など大きな行事の際にもどる人が多いのは、仲間が一斉に故郷に集まるからだ。でも、こうした限られた機会には、せいぜいお祭りに参加して旧交を温めるぐらいで、仲間たちと何かいっしょに活動するという余裕はない。連れていった子どもたちも、故郷の文化や自然をじゅうぶんに楽しめない。

独立行政法人国立青少年教育振興機構の報告書によると、1998年度から2009年度にかけて、海や川で泳いだり、チョウやトンボ、バッタなどの昆虫を捕まえて遊んだりした経験がほとんどない青少年は2倍以上に増えている。2016年の調査では少し回復傾向にあるが、野鳥を見たり、鳴く声を聞いたことがほとんどない子どもが20％、太陽が昇るところや沈むところをほとんど見たことがない子どもが30％もいる。生物多様性の意味や自然を保護する意義は普及したが、実際にそれを体験したことがほとんどない子どもが増えている。日本の伝統ある風土と人々の将来を考える上で、これは由々しき事態である。

定期的に故郷にもどる人々が増えれば、同じように都市で働く同世代の仲間と会う機会も増え、故郷で幼なじみの仲間たちといっしょに活動することもできる。おじいちゃんやおばあちゃんが元気ならば、しばらく孫を預けて子育ての負担を減らすこともできるだろう。子どもたちの自然とふれ合う時間も増え、日本の自然に対する愛着も広がる。一時的に帰省する人口が増え、消費が活性化すれば、昔の商店街も復活すると思う。

こういった動きを加速させるためには、行政や雇用元の企業の協力が不可欠になる。現在は移住すると、住民票を移すことが多い。住民登録をしていないと移住先の市町村でサービスを受けられないからだ。私の提案は、故郷と働く都市の2カ所で住民登録を可能にすることである。税金を分割してはらうことになるので少し煩雑になるが、それはシステムを構築すれば可能なはずだ。

ふるさと納税という制度があるが、私の提案は寄付ではなく、住民としての義務と権利を取得することにある。疲弊している地方の財政も潤うし、故郷に税金を納めているという自負が生まれる。はらっている分、故郷へもどってそのサービスを受けようというモチベーションも生まれる。実際、海外を渡り歩いてプレーをしているスポーツ選手などに、住民票を都市に置かずに故郷に置いている人がいる。ただ、こういったことは特定の地域に定着しなくてすむ場合に限られる。私はそれを一般の人にまで普及させたいのである。

そのためには、働く場所の理解と支援が必要である。週末や月末に帰郷する人々に職場の同僚が温かい目を向け、仕事の分担が可能なようにプログラムを考案しなければならない。ＩＴ革命は、常に人々が机をならべていなくても緊密に連絡をとることを可能にした。これらの人々を送りだす側と迎える側が一致協力して、個人が二つの場所、異なるコミュニティーで活躍できるようにすれば、生活の質も精神的な豊かさも格段に向上すると思う。

語りでつくるエコツーリズム

日本の人々が故郷と仕事場である都市を往復するだけでなく、日本の自然や文化を見なおすために旅をする必要もある。その一つがエコツーリズムの推進である。日本各地でどのような自然が地元の文化によって利用され保全されてきたのか。それを学ぶことは日本の世界における歴史的、自然史的な価値を見なおすことにつながる。

2013年、富士山が世界遺産になった。それは、富士山が日本の文化を育んできた歴史的遺産であり、世界の人々にとって末永く後世に伝える価値があることを意味する。これから、富士山とそれが象徴する日本の文化を体験しようと、多くの観光客が世界各地から訪れるだろう。

実は私が長年調査をしてきたゴリラの生息地も早くから世界遺産に登録されており、ゴリラを対象としたエコツーリズムを実施し、地元経済の活性化と野生生物の保全の両立に成果をあげている。アフリカのガボンでも、2009年から国際協力機構（JICA）や科学技術振興機構（JST）の協力で、「野生生物と人間の共生を通じた熱帯林の生物多様性保全」を行ってきた。

そのなかに野生のゴリラを主たる対象にしたエコツーリズムを立ち上げる計画がある。数年前の夏、ガボンから4人を招いてエコツーリズムの研修をした。エコツーリズムの先進国である日本の知識と技術で、ガボンにエコツーリズムの専門家を育成するためである。世界遺産の登録を機に、富士山のふもとにあるエコロジックの新谷雅徳さんに指導をお願いした。

富士山を訪れる前に埼玉県の飯能市で研修した。飯能市はエコツーリズムの草分けで、2007年にエコツーリズム推進法が公布されるずっと以前から市民ぐるみの活動を展開している。飯能市には特別魅力的な自然や文化があるわけではない。山や森に囲まれているとはいえ、ほとんどが二次的自然でいわゆる里山である。

でもだからこそ、飯能にしか見られない人と自然の長い関わりがある。それを立場の違う人々がいっしょに学び、体験することで歴史ある自然、社会、そして人間の価値を再認識しようという構想だ。研修で訪れた古民家での町田雅子さんの語りはとても印象的だった。嫁いできてからの異なる文化との出合い、戸惑い、新しい発見などを、家屋に残る歴史の跡や手作りの料理を通して実感させてくれる。それは、いったい何を観光客に見せたらいいか悩んでいたガボンの人々に大きな光をあたえた。

アフリカ諸国は急激な開発の波に洗われてきた。世界第2位の水量を誇るコンゴ川流域の豊かな森林も近年急速に失われ、多くの生物が絶滅しはじめている。幸いなことに、ガボンは人口が少ないこともあっていまだに国土の85%が森林で生物多様性が高い。しかし、石油開発や有用材の伐採で開発の生々しい爪痕が残り、伐採後にとり残された村々は、現金収入の不足と野生動物による畑荒らしに苦しんでいる。地元の人は野生動物を積極的に保護する気にはなれないし、こうした葛藤をもちながら観光客に自分たちの暮らしを見せることに戸惑いを感じている。

でも飯能市も昔をたどれば自然との葛藤と調和のくり返しだったはずだ。それを人々が今、訪問客に見せられるのは、歴史を否定せず、そのなかに固有の価値を見つけたからである。その葛藤は続いている。古民家の周囲には畑が広がっているが、人々が朝ドラを見ているときに、決まってサルが畑に侵入するという。動物たちも人間の暮らしに応じて行動を変えるのだ。ガボンの人々はその話に自国で直面している問題を重ねることができた。

エコツーリズムを通じて人々の意識は変わる。それは外からの訪問客を意識して体裁を整えることではない。地元の人々が荒ぶる自然のなかであらがい、生きのびるために思考しながらつくり上げてきた歴史的遺産を再認識し、それをわかりやすく伝える仕組みを考案することに他ならない。そのためには「語ること」が重要になる。古民家の語り部が老婦人でなかったら、私たちは別の印象をもったただろう。語りにはさまざまな解釈がともなう。歴史的、自然科学的、社会科学的な文脈で、語られた内容を訪問客の立場に沿って意味づけ、価値づけることが必要になる。それを手伝うのが私たち専門家の役割だと思う。

私はかつてヨーロッパを歩いて、すでに原生の自然がなく、すべてが里山であることにがくぜんとしたことがある。自然管理の思想や方法が発達したのも無理はない。でも、アフリカにも日本にもまだ人知の及ばない原生林があり、人が野生と出合う里山が大きな価値をもっている。そこをエコツーリズムの場として活用してこそ、日本の知識と技術を生かした新しい世界が開ける。ゴリラはそのよき水先案内人なのである。

不在が許される世界へ

サル化した社会が生む短絡的思考

ずっと気になっていたことがある。それは、なぜサルたちは私たちのように群れを自由に出入りしないのだろうか、ということである。

サルのオスもメスも、思春期になるまで決して群れから離れない。子どもが群れからいなくなれば、ほとんどそれは死を意味する。多くのサルたちでは、オスは成長すると群れを出ていくが、メスは自分が生まれた群れにとどまり、子どもを産んでいく。メスが群れを出ていかないのは、出産や子育てをする上で外へ出ていくことがはなはだしく不利になるからだ。

人間に近い類人猿は、サルとは逆にメスが群れを渡り歩く。ゴリラのオスは思春期に群れを離れることが多いが、他の群れに加入することはない。チンパンジーのオスは一生自分の生まれた群れから離れない。繁殖の季節はサルではオスに、類人猿ではメスに、親元を離れて血縁関係のないパートナーをつくるように働きかけるのだ。

奇妙なことに、サルも類人猿も一度群れを離れると、めったに元の群れへもどることはない。それは、群れにもどろうとすると、元の群れの仲間たちから攻撃を受けて追いだされてしまうからである。おそらく、そのサルが不在の間に新しい社会関係ができてしまい、元の関係にもどれなくなってしまうからだと考えられる。いったん群れを離れたゴリラのオスが元いた群れと接触すると、父親や兄弟のオスから強い反発を受けるし、チンパンジーのオスは数週間姿を消しただけで、元の仲間から一斉攻撃を受けて殺されることがある。サルや類人猿の社会では、不在は社会的な死を意味する。不在の後、元の社会関係を修復することは至難の業なのである。

サルや類人猿と比べると、人間はなんと許容に満ちた社会をつくってきたことか。私たちは日々さまざまな集団を渡り歩いて暮らしているし、数十年の不在もまるでなかったかのように受け入れてもらうことができる。

ただ、それはおそらく最近の人間社会がやっと到達できた仕組みなのではないだろうか。日本でも近年まで住んでいる土地を離れるにはお上の許可が必要だったし、各都市には関所が設けられて出入りが厳しく監視されていた。私がゴリラの調査をしていたアフリカの熱帯雨林では、街道沿いの村の真ん中にバラザと呼ばれる壁のない休み場所が設けられている。旅人はそこにまず腰を下ろして自分の素性を述べる。村人はそれを聞いて、村への滞在や先へ進むことを許可する。出される飲み物や食事はその判断の結果である。危険と思えば、毒を盛ればいい。文字のない世界で暮らしてきた人々にとって、旅人は外の世界とつなぐ情報源であると同時に、村に災厄をもたらす源泉でもあるからだ。

そのため、一度出ていった仲間がもどってきたときも、同じような扱いを受ける。外の世界で何を身につけてきたかを精査する必要があるからだ。ただ、人間は不在の日々があっても親族や幼なじみに頼れるので復帰は困難ではない。人間には元の関係を今の関係に反映させる能力がある。言葉によって不在の仲間のうわさをし、まるでそこにいるかのような扱いをすることができるのだ。父親が長期に海外へ出張しても、食卓にその席は刻印されており、衣服や趣味の品々が父親の存在を常に示し続ける。何より、父親に関するうわさが絶えないことが父親を不在のまま温存することにつながる。父親に限らず、大切な仲間を物によって記憶し、うわさにすることで私たちは不在を黙認し、関係の断絶を留保してきたのではないだろうか。

ところが、昨今の人間社会は次第に不在を許容できなくなっているように私は感じる。常に顔を合わせていないと仲間外れにされたり、スマホをオンにして仲間からの問いかけに即座に応じなければ、友達から拒否されたりするような閉鎖的な感性が育ちはじめている。人間の信頼が、過去ではなく現在の関係によってしか得られないという極めて短絡的な思考が蔓延しているような気がする。

それは人間の歴史に逆行し、サルの社会にもどることだと私は思う。不在を許容し、自在に集団を渡り歩けるからこそ、人間は複雑に分化した社会を築くことができたはずなのだ。ＩＴ時代の信頼関係のつくり方を、過去を参照しながらもう一度考えなおすべきではないだろうか。

覚えていてくれたゴリラ

昔親しくつき合った野生のゴリラに、アフリカの奥地まで会いに行ったことがある。26年ぶりだった。思春期のオスで、別れたときは8歳。人間なら中学生から高校生の年齢にあたる。再会したときは34歳になっていた。ゴリラの寿命は40歳ぐらいだから、もう老境といっていい。

驚いたことに、彼は私を覚えていた。でも、人間のように私の名前を呼んで駆け寄ってきたわけではない。じっと私の顔を見つめているうちに、老いた顔がみるみるうちに子どもの顔になり、昔よくやった格好であおむけに寝てみせたのだ。そして、子どものころにもどったかのように、近くにいた子どもゴリラたちと遊びはじめた。それを見て、私も彼と遊んだ昔を思いだして、体がざわざわと動くのを感じた。まさに記憶が体のなかでよみがえった瞬間だった。

遠い日本でいくらゴリラのことを懐かしく思いだしても、体が騒ぐことはないし、昔にもどったような感覚になることはない。でも、かつて慣れ親しんだ風景のなかで懐かしい顔に出会ったら、思わずそのころの自分にもどってしまう。それは記憶というものが自分の体験した世界のなかに張りついていて、それを見たり感じたりしたときに生き生きとよみがえるからなのだと思う。ゴリラとの再会で、人間以外の動物にもその能力があることが確かめられた。記憶は決して言葉によって支えられているのではなく、ゴリラと人間に共通な五感によって形づくられるものなのだ。

実は、人間はいくつかの場所に住みながら、過去の記憶をつなぎ合わせて人生をつくっている。違う場所の記憶ではなく、同じ場所で暮らした記憶がつなぎ合わされるのである。私は１９８０年代のちょうど半分ずつぐらい日本とアフリカを行ったり来たりして過ごした。だから、私にとって80年代はとても短く感じる。日本でもアフリカでも5年ほどの記憶しかないからだ。アフリカに行くと、その前に滞在していた記憶が呼び起こされて、不在のときがなかったかのように過去とつながる。日本へ帰ってくると同じように、不在のときが消されて過去がよみがえる。そんなことをくり返して、私は二つの世界を半分ずつ生きたのだ。

でも、そういった二重生活が可能だったのは、日本やアフリカにいる友人たちが空白のときを感じさせないように遇してくれたからだと思う。もし、私のいる場所がなくなっていて、私のことを記憶している人がいなかったら、私はその土地で過去とつながることができなかったに違いない。

ニホンザルを観察していると、サルたちが実にいさぎよく過去と決別していくように見える。いったん自分のいた群れを離れると、元の仲間たちとは関係を絶ってしまうし、たとえもどってくることがあっても元の関係が復活することはない。サルにとって、不在は社会関係の消滅を意味するのだ。

人間はいつのころからか、親しい仲間との関係を絶たずに旅をする能力を手に入れた。見知らぬ場所で新しい仲間と暮らすこともできるし、元の場所や集団にもどることもできる。それは、人間がよそ者を温かく受け入れ、参入者も新しい環境にすぐに順応するからだ。しかも、人間は元の集団の仲間との関係も保ち続け、複数の集団へアイデンティティーをもつことができる。だからこそ、移住した人々は元の集団と新しく加入した集団のかけ橋になることができるのだ。サルにはそれができない。不在が現在と過去の関係をつなぐことを妨げるからだ。人間はそれが可能な社会をつくった。いったん受け入れた仲間の場所は、不在になっても消滅することはない。

東日本大震災は、そのような人間社会が根元から崩れさるほどの衝撃をもたらした。土地も人も消滅し、過去と現在をつなぐ記憶も危うくなった。あれから7年が過ぎ去り、今こそ私たちが築いてきた社会の真価が問われている。人々が過去とつながりながら自由に行き来できる社会を保障できるかどうか。新しい社会へ温かく迎え入れ、不在にした土地や社会へもどる道をつくることができるかどうか。ゴリラでさえ、26年前の記憶をつないで、私をゴリラの世界へ温かく迎え入れてくれた。人間はそれを大きく発達させて現代の社会をつくったはずである。今、私たちの人間性が試されているのだと思う。

来るべき多動物共生時代の心得

ゴリラがキングコングだったころ

芥川龍之介の作品に『桃太郎』という短編がある。桃太郎がサル、イヌ、キジを連れて鬼ケ島に征伐に行く有名な昔話を鬼の側から描いた話だ。豊かで平和な暮らしを突然たたきつぶされた鬼たちがおそるおそる、何か自分たちが人間に悪さをしたのかと尋ねる。すると桃太郎は、日本一の桃太郎が家来を召し抱えたため、何より鬼を征伐したいがために来たのだと答える。鬼たちは自分たちが征伐される理由がさっぱりわからないままに皆殺しにされてしまうのである。

笑い話ではない。つい最近まで、いや現在でもこれと同じことが起きていないだろうか。私が子どものころ、インディアンと呼ばれたアメリカの先住民たちは、欧米人と見れば理由もなく襲ってくる獰猛《どうもう》な民族で、力を合わせて撃退し滅ぼすことが美談とされていた。アフリカのマウマウ団といえば、呪術を用いて人々を暗殺する危険な集団で、平和な暮らしを守るために撃退しなければならない悪の根源と見なされていた。

しかし、物心ついて世界の歴史を読みあさるようになると、これらの考えが土地を侵略した側がつくった身勝手な物語であることがわかってきた。住んでいた土地を奪われ、不公平な取引をさせられ、伝統と文化を捨てることを強いられた人々が抵抗している姿を、悪魔の仕業のように語っていたのである。私は物語をつくった側にいただけなのだ。先住民やマウマウ団を生みだした人々の側にいれば、自分たちの文化や暮らしを踏みにじった人々は鬼ケ島にやってきた桃太郎のように映ったに違いない。

こういった理不尽な物語は民族と民族の間だけにあるのではない。人と動物の間にもある。私が研究しているゴリラは、19世紀にアフリカの奥地で欧米人に発見されて以来、好戦的で凶悪な動物と見なされてきた。それは初期の探検家たちがつくり上げた物語がもとである。その話に合わせてゴリラはキングコングのモデルとなり、人間を襲い、若い女性をさらう邪悪な類人猿として人々の心に定着した。そのため、ライオンやゾウと同じような猛獣と見なされ、盛んに狩猟された。

発見から100年以上たって、野生のゴリラの調査がはじまり、彼らが平和な暮らしを営む温和な性質をもつことが明らかになった。現地のアフリカの人々もゴリラを特別視などしていなかった。こういった物語はアフリカを暗黒大陸、ジャングルを悪の巣窟と見なしたがった欧米人の幻想だったのである。それは欧米各国がアフリカに植民する格好の理由になった。暗黒の世界に支配されている不幸な人々に文明の光をあてるためというわけである。

今もこうした誤解に満ちた物語がくり返しつくられている。9・11の後、アメリカはイラクが大量破壊兵器をもち世界の平和を脅かすと決めつけて戦争をはじめた。アルカイダはアメリカ人をアラブの永遠の敵と見なして自爆テロを武器に戦うことを呼びかけている。イスラエルとパレスチナも互いに相手を悪として話をつくり、和解の席に着こうとしない。どちらの側にいる人間もその話を真に受け、反対側に行って自分たちをながめてみることをしない。

人間は話をつくらずにはいられない性質をもっている。言葉をもっているからだ。私たちは世界を直接見ているわけではなく、言葉によってつくられた物語のなかで自然や人間を見ているのだ。言葉をもたないゴリラには善も悪もない。自分たちに危害を加える者には猛然と戦いを挑むが、平和に接する者は温かく迎え入れる心をもっている。過去に敵対した記憶は残るが、それを盾にいつまでも拒絶し続けることはない。人間が過去の怨恨を忘れずに敵を認知し続け、それを世代間で継承し、果てしない戦いの心を抱くのは、それが言葉による物語として語り継がれるからだ。

言葉の壁、文化の境界を越えて行き来してみると、どこでも人間は理解可能で温かい心をもっていることに気づかされる。個人はみんな優しく、思いやりに満ちているのに、なぜ民族や国の間で理解不能な敵対関係が生じるのか。グローバル化した現代、私たちはさまざまな地域や文化の情報を手に入れることができるようになった。つくり手の側から物語を読むのではなく、ぜひ多様な側面や視点に立って解釈してほしい。新しい世界観を立ち上げる方法が見つかるはずである。

「あらしのよる」に変えられる仲間意識

京都の南座で『あらしのよるに』という新作歌舞伎を見たことがある。中村獅童さんがオオカミのガブを、尾上松也さんがヤギのメイを演じる。獅童さんのだみ声と松也さんのすっとんきょうな声音がオオカミとヤギにぴったりで、見事なはまり役である。

ある嵐の晩に、小屋に逃げこんだガブとメイが、暗闇のなかでお互いの正体がわからないままに話をしながら仲のいい友達になる。翌日の昼に再会を約束して、顔を合わせてみたら、食う食われるの関係にあるオオカミとヤギだったというわけだ。2人は互いの動物の領域で煩悶《はんもん》する。オオカミにとってヤギはごちそうだし、ヤギにとってオオカミは天敵だ。それぞれが仲間に説き伏せられて心が折れそうになる。しかし最後には、それまでの歴史的関係よりも、「あらしのよる」

に友達になった気持ちを優先して、手をとり合って歩むという物語だ。たわいもないファンタジーというなかれ。ここには意外な真実と可能性が描かれている。ヤギはオオカミに食べられるものという常識はいったいだれが決めたのだろうか。オオカミはヤギを食べなければ本当に生きていけないのか。ヤギにとってオオカミは永遠に天敵なのだろうか。

実は、こうした一見常識に見える絶対的敵対関係を、人間は勝手につくり、そしてまた勝手に解消してきたのである。私が長らく研究してきたゴリラは、その人間の身勝手な常識に翻弄されてきた。19世紀の半ばにアフリカで欧米人により「発見」されて以来、ゴリラは凶暴なジャングルの巨人として有名になった。人間を襲い、女性をさらっていくという話を真に受けて、多くのゴリラが殺された。また、中央アフリカの低地ではゴリラは肉資源として昔から狩猟の対象にされている。人間はゴリラにとってオオカミのような存在なのだ。しかし、ゴリラの平和な暮らしが明らかになると、その見方は一転し、今度は人間の大切な隣人として観光の目玉になった。低地でもゴリラはもはや食料とは見なされなくなりつつある。

人間どうしの関係でも同じことがいえる。江戸時代には、日本人にとって欧米人たちは人間を食う鬼と見られていた。第二次世界大戦中、鬼畜米英と呼んで抱いたおそれと憎しみはいったいなんだったのか。今だって、テロ集団やテロ国家は抹殺せねばならない存在とされている。彼らと平和に共存することは本当にできないのだろうか。

昔から寓話やファンタジーは、動物の姿を借りて人間社会の機微を描きだし、私たちが見習うべき教訓を語りかけてきた。「あらしのよる」から私たちは何を学ぶのか。それは、一見とても変更しようのない関係も、気持ちのもち方で変えられるということだ。知能の高い人間だけに可能な話ではない。野生のチンパンジーも時折肉食をする。タンザニアのマハレで50年も研究を続けている日本人研究者によれば、近年獲物の種類が変わってきたそうだ。昔はイノシシやカモシカの仲間を食べていたのに、今はほとんどサルしか食べない。これはチンパンジーの狩猟イメージが変わったためだという。

アフリカでは、人間を襲うライオンもいるが、人間に敬意を示して距離を置くライオンもいる。それは、ライオンと人間双方が長い時間をかけて友好的な関係を築いてきたからだ。私は、ゴリラが人間の食料にされていた地域で、武器も餌も使わずにゴリラと仲よくなろうと努力してきた。最初ゴリラたちは私たちを見るなり逃げ去り、追うと恐ろしい声をあげて攻撃してきた。突進を受けて、私も頭と足に傷を負った。しかし、敵意のないことを辛抱強く示し続ければ、ゴリラは態度を変えて人間を受け入れてくれる。10年近くかかったが、やっとゴリラと私たちは落ち着いて向かい合えるようになった。

このように友好的な関係になったのは、この地域ではたった一つの群れだけである。他の数万のゴリラたちはまだ人間に強い恐怖と敵意を抱いている。しかし、それがいつか変わる日が来ると私は確信している。それは人間社会にもいえることではないだろうか。ぜひ「あらしのよる」を体験してほしいと思う。

シートン再考記

人間と動物との関係について認識を変える方法がある。それは動物たちを類として見るのではなく、一頭一頭個性をもつ存在としてながめることである。

私の世代には、『シートン動物記』を読んで育った人が多いはずだ。とりわけ動物に関係する職業に就いている人たち、獣医、動物園の飼育係、動物学者などは、その道を目指したきっかけになったと考える人も少なくない。オオカミ王ロボ、キツネのスカーフェースやビクセンが、人間に追いつめられながらさまざまな知恵を発揮して生き抜いていく様子を、息を凝らし、はらはらしながら読みつないだものだ。それが私の野生動物への興味を駆り立て、野生のゴリラの研究に向かわせた遠因になっていると思う。

第二次世界大戦の直後に、京都大学で動物社会学という新しい学問がはじめられたとき、研究者たちは自らをシートニアンと称した。ウマ、シカ、サル、ウサギの一頭一頭に名前をつけ、その行動をつぶさに記録した。ちょうど『シートン動物記』のように、名前のついた動物の個体どうしのやりとりを描写し、動物たちの社会的な知覚力を推察したのである。ただ、日本の研究者はシートンのように動物の英雄だけでなく、群れに属するすべての個体を考慮した。また、動物を人間の言葉で語らせるのではなく、彼らの声や表情やしぐさの意味を理解しようとした。文学ではなく、科学として動物の社会を明らかにする試みだったからである。

しかし、この試みは欧米の学者から強く批判された。言葉をもたない動物に名前をつけ、その行動を記述することは、動物が人間のような心をもつと見なす誤った考えであるというのである。当時、動物を擬人的に見ることを強く戒める風潮が欧米にはあった。文化も社会も言葉をもつ人間だけに可能なものであり、動物は本能の働きにしたがって外界の刺激に機械的に反応しているだけだと考えられていた。実は『シートン動物記』も欧米の少年少女たちにはあまり知られていない。動物学者たちに尋ねても、シートンを知らない人が多いのである。

西洋の昔話では、動物は人間になれない。動物に変身させられた人々が勇気ある行為に助けられて復活する物語ばかりだ。そこには人間と動物との間に決して越えることのできない境界がある。対照的に日本の昔話では、動物が人間になっていっしょに仕事をしたり、食事をしたり、結婚して子どもをつくったりする。ただ、動物たちは人間の姿になるだけで、人間とは違う心をもち、人間にはない力を発揮する。日本人は、そのような動物たちとこの世界に共存している実感をもって暮らしてきたように思う。

だから、日本の動物学者たちは『シートン動物記』をあまり違和感なく受け入れたのだろう。かくいう私もニホンザルとゴリラの研究をはじめ、彼らとのやりとりを通して彼らの心のありようを強く意識するようになった。あるとき、ゴリラのオスが近づいてきて、私の顔をじっと見つめた。相手の顔をのぞきこむ行為はニホンザルでは威嚇を意味するので、ゴリラにまだ慣れていなかった私は目をそらして下を向いた。そうすれば、ニホンザルなら私に敵意がないとみて、のぞきこむのをやめる。ところが、ゴリラはなおも顔を近づけてきて執拗にのぞきこみ続けた。そして、私が態度を変えないと不満そうに胸をたたいて去っていった。

それを見て、私はゴリラのことを誤解していたことに気づいた。相手の顔をのぞきこむのはゴリラの場合、威嚇ではない。このゴリラは恐らく私にあいさつをするか、遊びたかったのである。のぞきこむという行動の意味が、ニホンザルとも人間とも違っていたので、私にはすぐにわからなかった。でも、このとき、ゴリラは明らかに私に働きかけ、私からゴリラの間で通じる反応を期待したのである。それは、ゴリラが私を仲間として受け入れようとした態度の現れである。ここにゴリラの心があるといえないだろうか。

20世紀後半の野生動物の研究は、動物に独自の文化や社会があることを明らかにした。チンパンジーやオランウータンなど人間に近い類人猿の研究者たちは、日本の研究者と同様に個体に名前をつけてその行動を記録している。彼らが人間とはちょっと異なる、でも私たちに理解可能な心をもっていることがわかってきた。驚いたことに、これらの動物たちは激しい敵意を抱いていても、いつしか人間を受け入れてくれる。それは野生の動物たちが異種の動物と共存していこうとする心をもっていることを示している。

シートンは、人間に追いつめられ、滅びていく野生動物の姿を描いた。それから１００年たった今、私たちは動物たちの行動の意味をより詳しく理解できるようになった。でも野生動物たちはますます絶滅の危機に瀕している。それは、その知識を人間が動物たちと共存するためではなく、利用するために使っているからだ。今、大事なことは、共存しふれ合おうとする動物たちの心を感じとることではないだろうか。まだ私たちはシートンを超えることができていないのである。

「変なガイジン」としてともに生きる

共存し、ふれ合おうとする心は、人間と動物との間だけでなく、私たち人間どうし、文化の異なる人間の間にも生じる。

私が子どものころ、「変なガイジン」という言葉がはやったことがある。日本語どころか大阪弁でしゃべりまくって周囲をあぜんとさせる一方で、おじぎや膝をそろえて座るなど日本人なら常識ということができない。つまり、言葉で会話ができるのに、しぐさでは別世界にいる人のことをこう呼んだのだろうと思う。

実は私も、30年余り前にアフリカでゴリラの調査をはじめたころ、同じように呼ばれたことがある。現地のスワヒリ語でも、「ガイジン」にあたる「ムズング」という語がある。これはもともと欧米人に対して使われたのだろうと思う。国が違っても肌が黒い人に対しては「ムズング」と呼ばないからだ。ちょうど私たちがアジア人に対しては「ガイジン」と呼ばないこととよく似ている。

スワヒリ語は日本語と発音が似ているので、私は会話で不自由することがなかった。奥地の村でスワヒリ語を流暢にしゃべると、みんなが目を丸くする。その地方特有の言い回しや表現で話すので、みんな面白がって話しかける。地元の人にとっては珍しくも高い価値もない、ゴリラを見たいだけ、というのだから、ますます変な「ムズング」に思えたことだろう。

さらに私は、もう一つ「変なガイジン」になったことがある。野生のゴリラを観察するためには、人間に対する敵意を解いて、ゴリラの群れのなかに入っていかねばならない。そのため、私はゴリラのしぐさや声を真似て、ゴリラのようにふるまうことにした。やがて、ゴリラは私を受け入れてくれたが、人間の私がゴリラになれるわけではない。おそらく、人間の姿をしているが、ゴリラの流儀を知っている「変なゴリラ」と思われていたのだろう。私はゴリラの子どもたちととっ組み合って遊び、おばさんゴリラにからかわれ、オスゴリラと隣り合って昼寝をできるようになった。しかし、彼らの世界にどっぷりつかっていたために、人間の世界にもどってから人間の姿やしぐさがずいぶん不格好に見えたものだ。

今では多くの外国人が日本に暮らすようになり、変な言葉も、変なしぐさもあまり気にならなくなった。外国で暮らした経験をもつ日本人も増えて、日本文化になじまない人でも気楽に受け入れることができるようになった。日本人より日本人らしい外国人だって珍しくない。もう「変なガイジン」は死語になった。

それは、私たちが文化の枠を超えて、人間として共有できる作法に敏感になったからだと思う。日本人の作法を逸脱する「ガイジン」たちの行動を通して、私たちは外から自分たちの文化をながめ、その欠点に気がつくようになったのである。とくに男女の作法の見なおしは、私たちの暮らしに重要な変化をもたらした。トイレは水洗になり、男女の別が常識になった。妻の前を威張って歩く夫の姿を見かけなくなり、手をつないで歩く夫婦が目立つようになった。レディーファーストが励行されるようになったし、個室が増えてプライバシーが尊重されるようになった。これまで私たちがあたり前にしてきたことが「ガイジン」たちの目にどう映っているかを知ろうとした結果、こうした変化が引き起こされたに違いない。

ひょっとしたら、かつての私のように日本人が世界の隅々に出かけて多様な文化を肌で知り、自分が「変なガイジン」になった経験を通して、人間の作法を考えることになったのかもしれない。であれば、もう一歩進んで、今度は人間を超えて生きる作法に目を向けてほしいと私は思う。限りなく生活領域を広げている私たちには、他の生物とともに生きる方策が必要だからである。熱帯雨林で暮らすゴリラを見ると、母性の強さとあっさりとした子離れに感心することがある。ゴリラの母親は出産後1年は赤ちゃんを腕から片時も離さない。3〜4年も母乳を飲ませて育てるのに、子どもが乳離れするとほとんど構わなくなるし、子どもを置いてさっさと群れを離れてしまうこともある。子どもたちもいつまでも母親を頼ることなく、自立して自分の気の合う仲間と群れをつくっていく。派手な身ぶりでメスに求愛するオスも、決して強制的にメスを意のままにすることはない。そして、他の生物たちと見事に調和した生活を営んでいる。そこには自然の作法とでもいうようなエチケットが存在する。

私たちは昔から人間だったわけではない。つい最近まで多くの生物に囲まれて生きてきたのだ。サルや類人猿の目で現代の人間をながめたときに、人間の由来と不自然なふるまいが見え隠れする。それを現代の暮らしのなかで再検討し、生きるための自然の作法を見つけだすことが今求められているのではないだろうか。

おわりに

本書の元となった毎日新聞のコラム「時代の風」を執筆しはじめてから、私は京都大学の総長に就任することになった。生活は一変し、それまでゴリラ中心だった頭のなかに、大学経営だの産学連携だの研究力強化だのといったことが所かまわず侵入してくるようになった。学部長や研究科長ならやったことはあったものの、大学執行部を経験したことのない私は、雨あられと降ってくる案件や課題を整理できない。そこで、一計を案じて、大学をジャングルにたとえることにした。すると、面白いことに大学のなかがすっきり見通せるようになったのだ。

大学はジャングル、すなわち熱帯雨林に似ている。ジャングルは地上で最も生物多様性の高い生態系であり、常に新しい種が生まれている。大学も社会で最も多様な知性がすむ場所であり、常に新しい考えが生みだされている。そして、ジャングルと同じように、研究者たちはそれぞれの分野のことは熟知しているが、他の学問分野の研究者が何をしているかはよく知らない。それでもお互いが共存できるのは、ジャングルと同じように大学が許容性の高い場所だからである。しかし、ジャングルと同じように大学は外の世界から完全に自立しているわけではない。ジャングルが維持されるためには豊かな太陽光と水が必要だ。大学もそれに匹敵する社会の支持と資金が必要なのである。そして、ジャングルが閉鎖系ではなく、動物たちが絶え間なく外の世界と行き来をくり返すように、大学も研究者や学生たちが出入りし、また新しく入れかわる。恒常的に新陳代謝をくり返しながら、その歴史にもとづいて不変の特徴を保っている。

だから、大学をジャングル、つまり多様性と創造性の高い場所と心得ればいい。さらに、伝統を守りながら社会や世界との積極的な交流を通じて、大学の魅力を高めていけばいい。なんだ、はっきりしているじゃあないかと思えてきた。

そこで、私は「大学は窓」という目標を掲げることにした。今までいわれてきたような「門」によって閉ざされた場所ではなく、窓をいくつも開けて風通しをよくしようと考えたのである。ジャングルと同じように、大学には猛獣たちが闊歩している。何しろ世界一になろうとしている研究者や学生ばかりなのだから、それはむしろ歓迎すべきことだ。しかも、私はジャングルの王者であるゴリラとつき合いなれている。ゴリラの群れのなかに入っていけたんだから、大学の猛獣たちともうまくつき合えるようになるだろう。

それには、それぞれの研究分野の文化を理解し身につけなければならないなと思った。トップダウンで指示を出すより、猛獣たちの言うことに耳を傾け、その生き方を全うできるように調和を図ることが総長の役目だと認識するようになったのだ。

それから3年がたった。地球環境は悪化し、世界はますます閉塞状況に陥っている。パリ協定はCO2排出量削減目標の策定を義務づけ、持続可能な開発目標（SDGs）を掲げて世界に呼びかけている。地球の収容力や許容力はもはや限界に達しているのだ。しかし、アジアやアフリカで民族間や宗教間の争いは激化し、大量の難民が国境を越えて数々の問題を引き起こしている。世界各地で無差別テロが相次ぎ、核軍縮は進展せず、核をめぐる緊張はむしろ高まっている。イギリスのEU離脱、アメリカの自国優先主義など、これまでのグローバルな世界の動きに反発するような傾向が強まり、経済格差は国際的にも国内でも広がりつつある。この閉塞感のなかで、若者たちは未来に希望をもてるのだろうか。緊張を緩和し、世界に平和をもたらす方策は見つけられないものだろうか。

「時代の風」はそんな暗い世情に、一陣の明るいつむじ風を吹きこんでくれたように思う。大学の窓を開けて、私もそれを社会に送り届けてきた。「京大おもろトーク」「京大変人講座」「京都アカデミアフォーラム」などはその試みの一環である。世の中を明るくするためには、今一度人間が進化した場所に立ち返り、豊かで安全だったころの身体と心をふり返ってみなければならない。そして何より、ジャングルとよく似た大学を活性化させ、新しい考えをどんどん紡ぎだし、学生だけでなくすべての人々にとって楽しい学びの場にしなければならない。新しい果実をたくさん実らせ、それを熟させておいしく食べられるようにしなければならない。多子高齢化によって社会力を高めてきた人間にとって、少子高齢化はこれまでに経験したことのない事態である。常識とは異なる発想をしなければ、これからの社会は築けない。大学はこれからの未来を拓く新しい気づきをあたえてくれる場でなければならないのである。

本書をまとめるために、「時代の風」に書いた自分の原稿を読み返してみた。

感心したことに、私の考えは総長になっても何一つ変わっていない。総長になったときの記者会見で、「山極さん、座右の銘はなんですか」と記者たちから聞かれたとき、「ゴリラのように泰然自若」と答えたのは私の直観であり、気がついたら確かにゴリラのように行動していた。今回、これらの文章を出すことは、私にとってもゴリラの国からもち帰ったものの大切さを再認識する上で、とても貴重な機会になった。

本書を執筆する元となった「時代の風」は毎日新聞の永山悦子さんに誘っていただき、照山哲史さん、吉川学さん、長尾真輔さんたち歴代の科学環境部長に編集していただいた。何度か京都へ足を運んでいただき、いろいろとご助言をいただいたし、私の好きな場所で写真を撮ってもらった。毎回、自分の写真が載るコラムを見るのは恥ずかしい気持ちがあったが、それだけに文章に気持ちをこめねばならないなと感じたことを覚えている。また、本書の執筆には毎日新聞出版の山田奈緒美さんに大変お世話になった。大学の総長ばかりか、さまざまな雑事を抱えて多忙な折、ずいぶん辛抱強く待っていただいたと感謝している。本書ができるだけ多くの人の目にふれてほしいと思う。

読者は、ゴリラの目になれただろうか。読後、人間と人間社会の認識は変わっただろうか。もし変わったとしたら、ぜひそれを未来のために生かしてほしい。これからは、人間の一人ひとりが生活をデザインする時代である。科学とアートを通じて人々がつながるはずなのだ。そのためには、今一度確かな目で世界を見渡してほしい。本書がその一助となれば幸いである。

２０１８年３月　山極寿一

初出　毎日新聞連載「時代の風」２０１２年４月～２０１６年３月

山極寿一（やまぎわ・じゅいち）

1952年、東京都生まれ。霊長類学者・人類学者。京都大学理学部卒、京大大学院理学研究科博士後期課程単位取得退学、理学博士。ゴリラ研究の世界的権威。ゴリラを主たる研究対象にして人類の起源をさぐる。ルワンダ・カリソケ研究センター客員研究員、日本モンキーセンターのリサーチフェロー、京大霊長類研究所助手、京大大学院理学研究科助教授を経て同教授。2014年10月に京大総長、17年10月に日本学術会議会長に就任。いずれも21年9月まで務めた後、21年4月より総合地球環境学研究所所長。日本の学術界を牽引する存在となっている。主な著書に『暴力はどこからきたか　人間性の起源を探る』（NHKブックス）、『「サル化」する人間社会』（集英社インターナショナル）、『虫とゴリラ』（養老孟司氏と共著・毎日新聞出版）などがある。

本書は２０１８年４月、
小社より刊行されました。

毎日文庫

ゴリラからの警告《けいこく》「人間社会《にんげんしゃかい》、ここがおかしい」

印刷 2022年4月20日
発行 2022年4月30日

著者 山極寿一《やまぎわじゅいち》

発行人 小島明日奈
発行所 毎日新聞出版
〒102-0074
東京都千代田区九段南1-6-17 千代田会館5階
営業本部：03(6265)6941
図書第一編集部：03(6265)6745
装丁 寄藤文平＋垣内晴（文平銀座）
印刷・製本 中央精版印刷

©Juichi Yamagiwa 2022, Printed in Japan
ISBN978-4-620-21044-5
乱丁・落丁はお取り替えします。
本書のコピー、スキャン、デジタル化等の無断複製は
著作権法上での例外を除き禁じられています。